U0636645

作者简介

　　官子和,副研究员,1935 年 11 月生于广东省普宁市,1960 年毕业于华中师范大学地理系,同年统分至中国科学院水生生物研究所(武汉),多年来一直从事地学、环境科学、湖沼学及孢粉学的研究工作。为中国地理学会和湖北省地理学会、海洋与湖沼学会、古生物学会及国际孢粉学会会员。先后发表论文 40 余篇,其中获所级科技改进三等奖的有 3 篇;获湖南省环保局组织的"湘江污染与治理研究"及国家科学技术委员会国家科技成果的"长江三峡工程对生态与环境影响及其对策研究"两项目完成荣誉奖。先后参加 6 部国家级出版物的编撰工作。1982 年夏赴中科院南京地质古生物所,学习第四纪孢粉鉴定与分析,导师为刘金陵、唐领余两研究员。1985~1988 年,承担和完成国家自然科学基金资助项目——江汉-洞庭盆地古湖沼学的研究。在孢粉学研究的工作中,又得到中科院植物所(北京)孔昭宸、杜乃秋两研究员的帮助及合作,于 1992 年在《植物学报》上发表《洪湖主要水生维管束植物花粉形态初步研究》一文,摘要被收录在"Biological Abstracts"(Vol.94,1992)后,得到国内外许多孢粉工作者的关注,不断来信交换资料,并得到湖北省古生物学会的好评。

湖北洪湖的菰群丛

农民在洪湖收割微齿眼子菜(黄丝草)作肥料

1987年5月30日作者在洪湖采集水生维管束植物花粉样品

中国常见水生维管束植物孢粉形态
Pollen and Spores Morphology of Common Aquatic Vascular Plants in China

官子和 编著

科学出版社

北京

版权所有，侵权必究

举报电话：010-64030229；010-64034315；13501151303

内 容 简 介

本书研究并汇集了分布于我国淡水水域中常见的现代水生维管束植物孢子花粉共 54 科 83 属 163 种。对每种植物孢粉除着重进行详细的形态描述和比较外，还对每种植物的生活型、生境、花果期、水生植被的群落结构、现代的地理分布及部分科属在有关地质时期出现的孢粉化石等也进行了记述。书末附有光学显微镜及部分扫描电镜的现代孢粉照片图版 33 幅，孢粉化石照片图版 6 幅及拉丁名索引等。本书在理论上可为分析研究水生植物生态、分类、系统发育和探讨古地理、古气候及水生植被演替等有关问题提供科学依据；在实践上可为孢粉学工作者鉴定水生维管束植物孢粉化石等有关问题提供基础资料。

本书可供从事水生植物学、孢粉学、湖沼学及地层学等方面科研、教学及生产工作者参考。

图书在版编目（CIP）数据

中国常见水生维管束植物孢粉形态/官子和编著. —北京：科学出版社，
2011.12
　　ISBN 978-7-03-032914-1

　　Ⅰ.①中… Ⅱ.①官… Ⅲ.①水生维管束植物－孢粉－生物形态学－中国
Ⅳ.①Q948.84

中国版本图书馆 CIP 数据核字(2011)第 246261 号

责任编辑：张颖兵　梅　莹/责任校对：闫　陶
责任印制：彭　超/封面设计：苏　波

科 学 出 版 社 出版
北京东黄城根北街 16 号
邮政编码：100717
http://www.sciencep.com

武汉中科兴业印务有限公司印刷
科学出版社发行　各地新华书店经销

*

开本：787×1092　1/16
2011 年 11 月第 一 版　印张：8 1/4　　插页：20
2011 年 11 月第一次印刷　字数：142 000
定价：120.00 元
（如有印装质量问题，我社负责调换）

序

　　水生维管束植物是水域生态系统的重要组成部分,也是人类可控可利用的一类自然资源,对它进行全方位的深入研究有着重要意义。

　　对现代水生维管束植物孢子花粉形态的研究,是水生植物整体研究的一个组成部分,可为水生植物生态、分类及系统发育等有关研究提供基础资料;亦可为石油、地质等系统的孢粉分析者鉴定化石孢粉、分析地层、进一步探讨古地理、古气候及水生植被演替等有关问题提供科学依据,具有理论和实用的重要价值。

　　我所官子和副研究员,经多年努力,于近日编撰完成了这部专著——《中国常见水生维管束植物孢粉形态》。本书填补了国内外水生植物孢粉形态研究的部分空白,是对水生植物学及孢粉学的部分补充和发展,也是一部基础性与应用性相结合,现代孢粉形态与化石孢粉形态相比照的专著,其特点是图文并茂、科学性强、资料翔实、简明实用,可供从事水生植物学、孢粉学、湖沼学及石油、地质勘探等工作者参考。我乐于为序。

于武昌珞珈山
2011 年 8 月

引言

　　目前,孢粉学(palynology)领域的研究取得了长足的进展,但从整体来看,前辈科学工作者对陆生植物的孢子花粉(以下称为孢粉)形态研究较多,而对水生植物的孢粉形态研究尚少;在水生植物学中,前辈对水生植物的根、茎、叶、花、果研究颇多,而对其孢粉形态的研究也尚少;在国内外从事水生植物孢粉的研究单位也不多,许多水生植物种类的孢粉形态研究存在着空白,给有关科研、教学及生产工作者带来困难。

　　1985~1988 年,我在承担和完成国家自然科学基金资助项目——江汉-洞庭盆地古湖沼学研究过程中,同时研究了洪湖的主要水生维管束植物花粉形态13科18属22种,1992 年发表在《植物学报》(34(2))上,外文摘要被收录在"Biological Abstracts"(Vol. 94,1992)上,尔后,陆续收到国内外不少同行的来信,如美国、德国、西班牙、加拿大及印度等国有关孢粉学的工作者来信索取及交换资料,给我很大鼓励。现在摘要可在美国科学文献索引网中查询:ISI Web of Knowledge A Study of Pollen Morphology of Some Aquatic Vascular Plants in Honghu Lake,Hubei Author:Guan Z-H,Kong Z-C,Du N-Q Source:Acta Botanica Sinica, Vol. 34(2):81-89,1992。接着,我先后研究了湖北省的保安湖、三八湖、梁子湖及武汉东湖等水生维管束植物孢粉形态,并不断收集资料,在退休之余,研究并总结前人工作的基础上编写完成了本书。目的是为孢粉学工作者鉴定化石孢粉,探讨古地理、古气候及水生植被演替等有关问题提供基础资料;同时也为水生植物学工作者分析研究水生植物生态、分类及系统发育等有关问题提供科学依据。

本书研究和汇集了分布于我国淡水水域中常见的现代水生维管束植物孢粉共54科83属163种,其中蕨类植物孢子9科9属17种;单子叶植物花粉20科34属84种;双子叶植物花粉25科40属62种。采用光学显微镜及部分扫描电镜,对每种植物孢粉除着重进行详细的形态描述和比较外,还对每种植物的生活型、生境、花果期、水生植被的群落结构、现代地理分布及有关科属在地质时期出现的孢粉化石等也进行了记述。书末附有光学显微镜及部分扫描电镜的现代孢粉照片图版33幅及孢粉化石照片图版6幅,并附有中名索引及拉丁名索引,便于查阅。

本书不仅丰富了孢粉学、湖沼学、地层学、地貌学、环境科学、石油与煤炭地质、水生植物生态、分类及系统发育等的研究和应用内容,更重要的是填补了水生植物孢粉形态研究的空白。20世纪70年代以来,许多孢粉学家在华北、西北及青藏高原第四纪的湖沼相沉积中发现了眼子菜属(*Potamogeton*)的花粉,为探讨平原及高原隆起的环境演变提供了重要参考。下第三系(古近系)是渤海沿岸地区主要生油及储油岩系(主要岩性为泥岩、炭质页岩、油页岩、砂岩和石膏等),自下而上划分为孔店组、沙河街组及东营组,在各组均发现有不同种类和数量的水生维管束植物孢粉化石,如满江红属(*Azolla*)、水蕨属(*Ceratopteris*)、槐叶苹属(*Salvinia*)、浮萍属(*Lemna*)、眼子菜属(*Potamogeton*)、黑三稜粉(*Sparganiaceaepollenites*)、莲属(*Nelumbo*)、柳叶菜属(*Epilobium*)及蓼粉(*Persicarioipollis*)等,为分析研究该地区生油储油的古环境提供了重要科学依据。江汉-洞庭盆地在第三纪以来,在不同区域地层中先后发现有槐叶苹孢属、眼子菜属、黑三稜粉、狐尾藻属(蒹属)(*Myriophyllum*)、莲属、菱属(*Trapa*)、柳叶菜属及蓼粉等水生维管束植物的孢粉化石,表明该地区至少自第三纪以来存在着河、湖交错的地貌景观,这与我们在江汉-洞庭盆地有关钻孔中的岩性分析结果相一致。

从孢粉的形态结构,可进一步分析研究植物体的进化及演变趋势,如蕨类植物孢子的进化趋势,有学者提出体积小→体积大、具三裂缝→单裂缝、具不明显的四分体痕迹→具明显的四分体痕迹、具薄的孢壁→具厚的有纹饰的孢壁；如蕨类植物比较古老的科（膜蕨科、紫萁科），其孢子只有薄的孢壁和微弱可见的四分体痕迹，而较进化的科则有厚的孢壁及明显的纹饰。在许多植物分类系统中，泽泻科被看成是较水鳖科、眼子菜科及茨藻科等更为原始的最古老的单子叶植物类群。有学者将四科花粉形态进行比较研究，泽泻科植物花粉球形、无极，具多个圆形萌发孔；茨藻科植物花粉舟形、异极，具远极单槽萌发孔，按花粉从舟形、异极发展到球形、无极再到等极的进化趋势，结果表明，泽泻科花粉较茨藻科花粉进化，泽泻科并非最古老最原始的单子叶植物，而是比较进化的一类。花粉进化的另一趋势是外壁表面由全覆盖层发展到半覆盖层再到无覆盖层，水鳖科及眼子菜科花粉均无萌发孔，前者外壁表面为全覆盖层，后者为半覆盖层，表明眼子菜科植物花粉较水鳖科植物花粉进化。总的看来，从花粉形态特征表明，茨藻科是四科中最原始的类群，泽泻科是较进化的一科，眼子菜科较水鳖科进化，水鳖科与茨藻科在演化上较为接近。中科院植物所张玉龙先生对睡莲科（Nymphaeaceae）的花粉形态研究颇深，认为睡莲科的花粉形态是多类型的，其中莼属（Brasenia）、芡属（Euryale）、萍蓬草属（Nuphar）为单槽花粉；睡莲属（Nymphaea）为环槽花粉；而Barclaya为无萌发孔花粉；王莲属（Victoria）为环槽四合花粉和莲属（Nelumbo）为三沟花粉。其纹饰也多样化，有细颗粒、小瘤、小刺、长刺及皱波状等。从花粉形态上看，表现出明显的异质性，也表示这些植物不是来自一个共同的祖先。修正了Meyer（1964）据花粉和分类资料，把睡莲科花粉分成4个演化支：①莲属的三沟花粉；②Barclaya的无萌发孔花粉；③Cabomba的单槽花粉；④莼属的单槽花粉。再由莼属分为二支，一支经萍蓬草属的具长刺的单槽花粉演化到睡莲属的环槽花粉；另一支则演化到芡属的具短刺的单槽花粉和王莲属的环槽四合花粉。

水生植物的概念尚未统一。本书研究及汇集的范围为沉水植物、漂浮植物、浮叶植物、挺水植物、沼生植物及湿生植物。关于科属的排列，为了孢粉分析工作者便于查阅，本书除分成蕨类植物、单子叶植物和双子叶植物外，没有按分类系统排列，分科是按拉丁学名的字母顺序排列，各科内的属、种也按拉丁学名的字母顺序排列。

本书仅汇编了常见的水生维管束植物孢粉形态 160 多种,在科学研究和实际应用上还远远不够,望后者有更丰富和持续发展。另外,本书引用了有关部分原作者的孢粉图版或文字,未能及时与原作者一一沟通,请原作者谅解,并表示谢意。为尊重原作者,书中均注明了出处。

在本书的编写过程中,承蒙中国科学院水生生物研究所王洪铸研究员的大力支持帮助和指导,并在有限的科研经费中,出资援助,在此特表示诚挚的谢忱。所淡水生态研究中心底栖生物学科组的崔永德、刘学勤、梁小民及组内全体同志的积极支持和帮助;所原五室姚勇先生帮助采集孢粉样品;所原二室许克圣先生协助提供有关照片;所图书馆李友华馆长及梅建伟、沈汉强同志的热情支持,积极帮助查找有关图书资料;所离退休科姚继忠书记及李艳萍处长等的热情支持和帮助;所原四室主任梁彦龄研究员,对本书的编写工作一直热情关心及支持;并得到中国艺术研究院文研中心官秀岩研究员,中国科学院植物研究所孔昭宸研究员、杜乃秋教授,中国科学院南京地质古生物研究所刘金陵研究员、唐领余研究员,华中师范大学景才瑞教授、邓先瑞教授及重庆渝州大学习正俗教授等的热情支持及鼓励;中国科学院院士、中国科学院水生生物研究所名誉所长、鱼类学家、淡水生态学家刘建康研究员,年逾九十又三,在百忙中欣然为本书作序,倍感珍重;中国科学院院士、鱼类生物学家曹文宣研究员,在百忙中审阅全稿,并提出宝贵意见和建议,在此一并表示衷心的感谢。同时,感谢我的夫人,湖北工业大学易吉英教授的积极支持。

在本书完成之际,得到所领导及有关部门的积极支持,特别得到淡水生态与生物技术国家重点实验室的出版费资助,在此一并表示诚挚的谢忱。

由于本人业务能力有限,书中难免存在疏漏之处,敬请专家和读者批评斧正。

2011 年 3 月于武昌珞珈山
中国科学院水生生物研究所

目录

封面扫描电镜照片: 荇菜(*Nymphoides peltatum*)(龙胆科)×2000

第一章 | 水生维管束植物孢粉形态研究概况

孢粉学(palynology)是研究植物孢子花粉的科学,是一门新兴的边缘学科,1944 年由英国人赫顿(Hyde)和威廉姆斯(Williams)提出后得到迅速发展。在欧洲各国,特别在前苏联,由于经济活动的需要,这门学科兴起早、发展快。在我国,花粉的研究始于 1953 年,尔后,也得到蓬勃的发展。

孢粉学所研究的内容十分广泛,但其基础为孢粉形态学的研究,包括现代孢粉形态学和化石孢粉形态学的研究。有关水生维管束植物(下称水生植物)孢粉形态学研究概括起来有三个特点。

第一节 孢粉学研究的有关著作

如坡克罗夫斯卡娅等著《花粉分析》(坡克罗夫斯卡娅等,1956)。书中采用光学显微镜(下称光镜)对 28 科 35 种左右的水生植物孢粉形态进行描述、绘图,并结合植物体的习性、生境、现代地理分布及化石孢粉进行记述。瑞典人 G. 额尔特曼著《花粉形态与植物分类》(额尔特曼,1962)。本书也是采用光镜对 25 科 30 种的水生植物花粉形态进行描述、绘图,根据花粉形态特征的比较研究,提出了有关水生植物分类系统的某些意见。

我国在孢粉学研究方面,虽然起步较晚,但在有关单位及孢粉学、植物学及地学等工作者的努力下,特别是中国科学院植物研究所、中国科学院华南植物所、中国科学院南京地质古生物所、石油化学工业部石油勘探开发规划研究院及煤炭、水文地质等单位做了大量的工作,付出了辛勤的汗水,尤其在现代孢粉形态学及化石孢粉形态学研究方面取得了重大的成就。例如,1960 年,中国科学院植物研究所形态室孢粉组著《中国植物花粉形态》,书中采用光镜对我国 1 400 多种现代植物花粉形态进行描述、绘图或拍照,其中有关水生植物花粉形态的描述就有 14 科 28 种之多。1965 年,宋之琛等编著《孢子花粉分析》,书中较详细地介绍了国内外各地质时代的孢粉组合等资料,同时采用光镜系统地描述了现代植物孢粉形态 376 种,其中现代水生植物孢粉形态就有 20 多种,并结合植物体的习性、生境、现代地理分布及化石孢粉等进行记述。1976 年,中国科学院(北京)植物研究所古植物研究室孢粉组著《中国蕨类植物孢子形态》,书中采用光镜及部分扫描电镜系统地描述了分布于我国的蕨类植物 1 000 多种的孢子形态,其中水生蕨类植物孢子形态就有 9 科 17 种,并结合了植物体的习性、生境、现代地理分布及化石孢子等进行记述。1978 年,石油化学工业部石油勘探开发规划研究院、中国科学院(南京)地质古生物研究所编著《渤海沿岸地区早第三纪孢粉》,这本书是 10 多年来渤海沿岸地区古近纪孢粉分析研究成果。采用光镜及部分扫描电镜描述了化石孢粉 70 科 152 属 470 种的形态特征,探讨了植物群及古气候,提出了地质时代的意见,其中水生植物化石孢粉形态就有 10 属(未定种)之多,均与该地区的生油、储油层有着密切关系。1982 年,中国科学院植物研究所古植物室孢粉组、华南植物研究所形态研究室著《中国热带亚热带被子植物花粉形态》,书中采用光镜、扫描电镜系统地描述了分布于我国热带亚热带被子植物 1 300 多种的花粉形态,并结合植物体的习性、生境及现代地理分布等进行了记述,其中水生植物花粉形态就有 16 科 33 种之多。

第二节　孢粉形态学研究的有关论文

Meycr N R. 1964. Palynological studies in Nymphaeaceae (in Russian),Bot. Zh. ,49(10):1421-1429.

Punt W. 1975. The Northwest European pollen flora 5. Sparganiaceae and Typhaceae. Rev. Palaeobot Polynol. ,19(2):75-88.

张金谈.1979.从孢粉形态特征试论植物某些类群的分类系统发育.植物分类学报,12(2).

张玉龙,陈耀东.1984.我国黑三棱属花粉形态的研究.植物学报,26(2).

张玉龙.1984.我国睡莲科花粉形态的研究.植物研究,4(3).

王镜泉.1984.国产蒲黄形态研究.中草药,15(5).

蔡述明,官子和,孔昭宸,等.1984.从岩相特征和花粉组合探讨洞庭盆地第四纪自然环境的变迁.海洋与湖沼,15(6).

王镜泉.1990.眼子菜属、角果藻属和水麦冬属花粉形态的研究.植物分类学报,28(5).

简永兴,王徽勤.1991.湖北省泽泻科、水鳖科、眼子菜科及茨藻科植物花粉形态研究.武汉植物学研究,9(1).

李西林,黄先石,詹亚华.1993.中国莲子草属药用种植物花粉形态的研究.武汉植物学研究,11(2).

官子和,孔昭宸,杜乃秋.1992.洪湖主要水生维管束植物花粉形态的初步研究.植物学报,34(2).

第三节　同一湖泊不同生活型的水生植物花粉形态的研究

结合同一现代湖泊生态系统进行不同生活型的水生植物花粉形态研究是一个有创新的课题。本文采用光镜及扫描电镜对 22 种水生植物花粉形态进行描述和拍照,并结合植物体的习性、生境、花果期、湖区分布及水生植被的群落结构等进行记述。

水生植被是水域生态系统的重要组成部分,其种群数量变动对水域或湖沼生态系统的结构与功能有着重要影响。从洪湖的主要水生植物群落的自然分布来看,在沿岸带为挺水和浮叶植物,亚沿岸带至湖心为沉水植物,漂浮植物常间杂在沿岸带植物群落中,其发展总的趋势是沉水植物带(微齿眼子菜、马来眼子菜、菹草、聚草、水车前、狸草等)→浮叶植物带(水鳖、莕菜、芡实、菱等)→挺水植物带(莲、菰、芦苇等)→沼生(湿生)植物带(慈姑、长瓣慈姑、水毛花、透明鳞荸荠、水田碎米芥、石龙芮、旱苗蓼、水蓼、异型莎草等),这正好说明洪湖逐渐变浅或演变成为沼泽的过程。我们在研究具有时间序列的湖沼沉积环境的花粉组合中,若水生植物化石花粉出现类似的花粉谱,对以今论古地恢复古地理、古生态有着重要意义。

综上所述,孢粉学与其他科学一样,随着国内外经济发展的需要及科学技术的迅速发展,孢粉学也获得纵深发展,科研成果不断涌现,孢粉工作者队伍也不断壮大。

水生植物孢粉形态学的研究是整个孢粉形态学研究的重要组成部分。在孢粉形态学研究方面已由 20 世纪 60 年代前采用光学显微镜研究,发展到 70 年代至今为扫描电镜和透视电镜(超微切片)研究阶段,使其能更好地研究孢粉的细微结构,把孢粉形态学研究提高到新的水平。这里特别提出的是,张玉龙先生所研究睡莲科花粉形态具有其代表性和先进性。

　　对孢粉形态学的研究,在理论上可为植物生态、分类、系统发育和探讨古地理、古气候、古植被演替等有关研究提供科学依据,在实践上亦可为石油、煤炭、水文地质勘探系统的孢粉工作者鉴定化石孢粉等提供基础资料。这就决定了研究孢粉学特别是孢粉形态学必须是多学科相结合,进行综合性的比较分析研究,才能解决更多的理论和实际问题。

　　关于水生植物孢粉形态学的研究,目前仍存在着许多空白,需要孢粉工作者的共同努力。

第二章 | 材料与方法

第一节　现代孢粉的收集方法

莲等较大的花,雄蕊多,直接用小镊子取花药或雄蕊;眼子菜、聚草等的花很小,取小花数朵;收集菰、芦苇的花粉用一张白纸接在花序下面,轻轻振摇花序,让花粉落在白纸上,然后进行集中。花粉最好收集即将开放的花苞,孢子最好收集即将成熟而未散落的孢子囊,有孢子、花粉的蜡叶标本也按此法收集,对所使用的采集工具如小镊子等每采集一种孢子、花粉后须洗净,避免混杂。收集后的孢子、花粉样品分别放入小指形管中,用冰蜡酸浸泡,并做好记录,如编号、采样日期、地点、植物的种名、生活习性、生境及水生植被的群落结构等。同时采集若干完整的植株作为蜡叶标本进一步鉴定植物种类等查用。

第二节　现代孢粉的处理及制片方法

现代孢粉的处理及制片方法较多(王开发等,1983;埃尔特曼,1978;宋之琛等,1965),这里介绍的是中科院(南京)地质古生物所目前所使用的醋酸酐分解法及甘油胶、石蜡同时进行制片、封片的方法。

一、醋酸酐分解法

(1) 将浸泡在冰醋酸(CH_3COOH)中的孢子、花粉样品,分别用玻棒捣碎其孢子囊或花药,使孢粉扩散到冰醋酸溶液中,估计孢粉粒的大小,选择适当的铜质筛,放在漏斗上将溶液过滤到另一个离心管中,去筛上杂质,将滤液进行离心,2 000 r/min,8~10 min,稍停后,倾去上清液。

(2) 在盛样品的离心管中,加入醋酸酐($(CH_3CO)_2O$)和硫酸的混合液(9:1)5 ml 左右(混合液要临时配制,以防失效),放在80~90 ℃的水浴锅中加热,在通风橱中进行,加热时用玻棒搅拌数次后,用玻棒取出一滴样液进行镜检,当孢粉内的原生质已被破坏,外壁构造及孔沟纹饰已显清晰,即可停止加热处理。

(3) 加水洗酸,在热处理后的样品离心管中,重复加蒸馏水离心洗涤3~4 次,1 500~2 000 r/min,2~3 min/次,每次倾去上清液,当 pH=7 左右时,加入适量的 50% 甘油保存,为了保存长久,可在其中加入苯酚(C_6H_6O)1~2 滴或麝香草酚($C_{10}H_{14}O$)几粒作为防腐剂。

二、甘油胶、石蜡的制片、封片方法

（1）甘油胶的配制：用 100 ml 烧杯盛生物明胶（动物胶）7 g 溶于 19 ml 的蒸馏水中，加苯酚 1 g 或少量的麝香草酚，再加 82％甘油 33 g，混合液在水浴锅中加热，充分溶解后，用玻璃棉或药棉过滤，保存于培养皿中。

（2）制片、封片：用小型解剖刀取一小块甘油胶（大小视盖片规格不同而定，一般以不充满整个盖片为原则）于载玻片中间，用玻棒蘸上离心管中的样品，涂抹在甘油胶里，将载玻片放在一个有架子的铜板上，下用酒精灯缓慢加热，边加热边用解剖针涂匀，同时放入适量的石蜡于甘油胶及样品中，盖上盖玻片，继续加热，使石蜡及甘油胶完全融化，盖玻片也随着盖好，此时盖玻片内若无气泡产生，便可取下片子，进行冷却、编号、写上植物种名、采样日期及观测等工作；若盖玻片下有气泡产生，则需重新进行制片、封片。值得注意的是，为了在盖玻片下不产生气泡，在加热时铜板的温度不能过高，否则就易产生气泡，影响制片、封片质量。

第三节　扫描电镜观察材料及制作方法

将醋酸酐分解后的孢粉样品，再用纯酒精脱水数次，取少量样品放在透明胶纸上，喷上一层炭金属膜，用华中农业大学电镜室的日立 S-450 型扫描电镜观察和拍照。经醋酸酐消解后的孢粉样品，在扫描电镜下观察有破裂现象，影响观察效果。最好是采用未经醋酸酐消解后的新鲜孢粉样品，直接镀膜，可提高观察效果。

第四节 孢粉的测量

在光学显微镜下测量 20 个孢粉粒长短轴的大小,然后进行统计,同时对其外壁厚度及刺的长度也进行了测量;在扫描电镜照片上按比例计算其长短轴的大小。

第三章 | 孢粉形态描述

第一节 蕨类植物孢子形态分科描述

一、满江红科 Azollaceae

满江红属 *Azolla* Lam.（化石图版 I：1-3）

满江红 *A. imbricata*（Roxb.）Nakai（图版 1：1-3）

　　本种具有大小两种孢子。小孢子为球形或接近球形，直径为 14.8～24.4 μm，多数为 19.1 μm。三裂缝，长度为孢子半径的 1/2～2/3。具不很清楚的周壁，上有模糊颗粒状纹饰。外壁厚度为 2.6 μm，外层厚于内层，表面光滑（中国科学院北京植物研究所古植物研究室孢粉组，1976）。大孢子因数量少，一般不易收集，林尤兴先生（1980）简述了大孢子的形态为圆球形，三裂缝。

　　本种为漂浮植物。生于池塘、水田及沟渠中，常与浮萍、槐叶苹和蓝藻等混生并常形成单优群落。若盖度小时,易被风吹动,随水漂浮;若盖度大时,则水中缺氧、避光,对水中的生物不利。广布于我国长江以南各省区,目前黑龙江省也有分布(于丹等,1988);朝鲜、日本亦有分布(刁正俗,1990;中国科学院武汉植物研究所,1983)。

　　满江红属出现于加拿大、美国的上白垩统,俄罗斯的上白垩统和第三系,印度的始新统,英国的渐新统,荷兰的上新—更新统地层中。满江红化石,例如细叶满江红(*Azolla filiculoides* Lam.)在荷兰则作为民德—里斯间冰期的指示化石。在 K. Madler 的《第三纪和第四纪中的满江红》一文中更详细提到在许多地方找到的大小孢子果,以及荷兰更新世发现的大孢子化石。在我国山东潍县,古近系(下第三系)沙河街组二段发现满江红属(未定种)*Azolla* sp. 的小孢子囊,小孢子囊内包含有很多形状不一、大小不等的近圆形小孢子(石油化学工业部石油勘探开发规划研究院等,1978)。

　　类满江红属(*Azollopsis*)出现于美国的上白垩统和始新统(中国科学院北京植物研究所古植物研究室孢粉组,1976)。

二、木贼科 Equisetaceae

木贼属 *Equisetum* L.

1. 问荆 *E. arvense* L.(图版 1:4-6)

　　孢子球形,直径 44.2(41.6~46.8)μm。无裂缝,但可见到一条"裂隙"。"裂隙"细而短,中间略宽,为孢子直径的 2/3。周壁紧贴孢子外壁,表面具较粗的颗粒,但排列和大小不均匀。弹丝一般脱落。外壁厚度为 1.3~2.0 μm,表面光滑,外壁两层(不太明显),外层和内层厚度几相等(中国科学院北京植物研究所古植物研究室孢粉组,1976)。

本种为多年生湿生植物,生于湖沼岸边、沟渠旁、水田边或阴谷处,分布于东北、华北、山东、湖北、四川、贵州、新疆和西藏,洞庭湖芦苇群落的第二层有分布(彭德纯等,1986);北半球温带其他地区也有分布。

2. 笔管草 *E. debile* Roxb.(图版 1:7-9)

孢子球形,直径 49.4(45.5～52.0) μm。单"裂隙",中间弯折,长度几达孢子赤道线。周壁具褶皱,有时不具褶皱,表面具细而密的颗粒,颗粒较模糊,有时有网的感觉。有些孢子保存弹丝。外壁厚度为 1.7～2.0 μm,层次不明显(中国科学院北京植物研究所古植物研究室孢粉组,1976)。

本种为多年生湿生植物,生于河边或山涧旁石缝隙中或湿地上,分布于我国南方和西南各省区;印度、斯里兰卡、马来西亚、菲律宾、印度尼西亚至斐济群岛也有分布。

3. 散生木贼 *E. diffusum* Don(图版 1:10-13)

孢子球形,直径 33.3(32.0～37.1) μm。单"裂隙",细狭,长达孢子赤道线或稍短。周壁紧贴孢子外壁,表面具细颗粒,由于颗粒排列不匀,彼此联结,形成不规则的网状或条状,有时颗粒不联结。外壁厚度为 1.5～1.7 μm,表面光滑,层次不明显(中国科学院北京植物研究所古植物研究室孢粉组,1976)。

本种为一年生湿生或挺水植物,生于河边沙土地上或杂木林缘。刁正俗先生于 1985 年夏在川西考察时,见到挺水生于高山峡谷之滩流水泽中,水寒透骨,成为单优势群落,广达 5 亩之远,望之如水稻。分布于广西、云南、四川、贵州、甘肃;印度北部、缅甸北部、不丹、尼泊尔也有分布(中国科学院武汉植物研究所,1983)。

4. 水生木贼 *E. fluviatile* L.(图版 1:14-19)

孢子球形,直径 40.9(35.8～43.5) μm。单"裂缝",中间弯曲,长度为孢子直径的 1/3。周壁疏松,成薄膜包在孢子外面,略为褶皱,表面具大小不等、排列不匀的颗粒,颗粒不联结。周壁外的弹丝一般脱落。外壁厚度为 1.0~1.3 μm,层次不明显(中国科学院北京植物研究所古植物研究室孢粉组,1976)。

本种为多年生挺水植物。喜生于浅水中,水深可达 50 cm。在四川省阿坝藏族自治州的红原县海拔 3 400 m 沼地草原中的一个湖塘中,挺水密集生长成为广约 2 亩的单优群落;在若尔盖县的山原雾其黑地区无流宽谷的毛果苔草沼泽中,其优势仅次于毛果苔草而和睡菜相若(刁正俗,1990)。本种分布于四川、甘肃、内蒙古、新疆、吉林、黑龙江等地。

5. 大问荆 *E. palustre* L.(图版 2:1-6)

孢子球形,直径 32.0(29.5~32.8) μm。单"裂缝",细狭,中间略弯曲、较短,为孢子直径的 1/3。周壁具褶皱,有时褶皱形成丝带状,平行绕在孢子上,时则成不规则。表面具颗粒,颗粒粗细不均匀,排列较稀。经处理后,弹丝脱落。外壁厚度为 1.0~1.3 μm,层次不明显(中国科学院北京植物研究所古植物研究室孢粉组,1976)。

本种为湿生植物,生于池塘旁或潮湿之处,分布于陕西、东北、华北、山东、湖北、四川、云南新疆和西藏;欧洲及亚洲北温带地区也有分布。

6. 节节草 *E. ramosissimum* Desf.(图版 2:7-11)

孢子球形,直径 44.2(41.6~48.1) μm。单"裂缝",中间弯曲,长度为孢子直径的 1/3。周壁疏松地包在孢子外面,微褶皱,表面具不明显的颗粒。本种有较多的孢子保留弹丝。外壁厚度为 2.0 μm,表面光滑,外壁两层(不太明显),外层厚于内层(中国科学院北京植物研究所古植物研究室孢粉组,1976)。

本种为多年生湿生植物,生山地溪边或平原河边、海边或砂质湿地,水田边也常有其踪迹,水分较少的砂地也可生长,唯不茂盛。广布于全国各地;日本也有分布,亚洲其他地区、欧洲及非洲温带地区亦有分布。

区分种类,主要从孢子的大小,表面颗粒的粗细、联结及排列等形态或纹饰予以区别。木贼属孢子与其他科属孢子相区别的特征如下:

(1) 孢子无裂缝,有时具"裂隙"。G. Erdtman(1943)曾认为"裂隙"是无裂缝和单裂缝的过渡类型；

（2）外壁较薄，厚度为 1～2 μm；

（3）具弹丝。关于弹丝的形成，说法不一。Scott（1960）认为弹丝是周壁破裂产生的，或者是外壁外层加厚而形成的，如同很多麻黄的肋条一样；Clara S. Hires（1965）认为弹丝就像形成某种外壁或周壁一样，是由孢子里面流动的原生质的分泌物所形成；

（4）孢子球形。但值得注意的是，本属孢子常从"裂隙"处裂开，形成两瓣或皱球状。

木贼科为楔叶植物的最终后裔，发生较晚，其出现不早于晚石炭世。从石炭纪开始至白垩纪发现有木贼属（*Equisetum*）、*Schizonema* 和 *Phyllothaea* 等属的化石，从第三纪至今只保存木贼属。

拟木贼属（*Equisetites*）与现代木贼属很难区别，它虽然在早石炭世的含煤地层中有稀少出现，然后是在石炭纪—二叠纪较常出现，到三叠纪相当普遍，从拟木贼属孢子囊中发现的孢子为圆形、光面、具三射线，与古代的 *Calamospora* 属形态相近。

在美国亚利桑那晚三叠世有类似木贼的孢子 *Equisetosporites* Daugherty，1941（属型 *Equisetosporites chinleana* Daugherty，1941），这种孢子与木贼的孢子形状和大小都差不多，也有 4 条弹丝，但弹丝末端不变宽，可以与后者加以区别。但目前认为该属孢子是 *Gnetaceaepollenites* 属的同物异名，Soott（1960）认为应归于现代麻黄属。

A. A. 柳别尔 1955 年在前苏联艾姆别斯基区的阿基斯科煤矿中侏罗统中发现带有弹丝的孢子。同样在前苏联孜良斯科耶矿区的早白垩世巴列姆—亚普梯组中发现过定为 *Equisetum chassynensis* 的孢子。带有弹丝的木贼孢子广布在俄罗斯和其他国家的白垩纪及新生代。

我国河北、陕西和湖北的上三叠纪—中侏罗世的地层发现过木贼属的植物化石（营养枝）。东北鸡西穆棱组（早白垩世）发现过定为穆棱木贼（*Equisetum mulengensis* Zhang）的孢子（中国科学院北京植物研究所古植物研究室孢粉组,1976)。

三、水韭科 Isoetaceae

水韭属 *Isoetes*. L

1. 宽叶水韭 *I. japonica* A. Br(图版 2:12-14;3:1-5)

本种具有大小两种孢子。大孢子圆球形,直径 305.1～350.3 μm。三裂缝,裂缝长达孢子赤道轮廓线并向外突出,形成小突起。外面包有一层透明的"周壁",褶皱形成网纹状,光切面观可见大小高低不等的似刺状伸出的"网脊"。外壁具均匀而密的颗粒。

小孢子为两侧对称,极面观为椭圆形,赤道面观为豆形,近极面向外稍凸出。其大小为 26.5(21.2～30.5) μm×19.9(14.6～23.9) μm。单裂缝,裂缝长度几与孢子长度相等。具薄而透明的周壁,在近极面加厚,从侧面观时可见向外凸出。外壁厚度约 1 μm,外层稍厚于内层。表面具模糊颗粒状纹饰(中国科学院北京植物研究所古植物研究室孢粉组,1976)。

本种为多年生湿生植物,生浅水和池沼中,分布于云南昆明北郊;朝鲜、日本也有分布。

2. 中华水韭 *I. sinensis* Palmer(图版 2:15-17;3:6-10)

本种具有大小两种孢子。大孢子为三角圆形,直径 271.2～505.1 μm。三裂缝,裂缝长达孢子赤道轮廓线并向外突出,形成小突起。外面包有一层透明的"周壁",不如水韭(*I. japonica*)明显,褶皱形成短脊条状。外壁具均匀密集的颗粒。

小孢子为两侧对称,极面观为椭圆形,赤道面观为豆形,近极面观向外稍凸出。其大小为 21.2(19.9~23.9) μm×14.6(13.3~18.6) μm。单裂缝,裂缝长度几与孢子长度相等。具薄而透明的周壁,在近极面加厚,处理后有时脱落。外壁厚度约为 1.3 μm,外层稍厚于内层。表面具模糊颗粒状纹饰(中国科学院北京植物研究所古植物研究室孢粉组,1976)。根据小孢子的体积很小和周壁在近极面加厚等特征可与其他各科属孢子分开。

本种为多年生湿生植物,生于沼泽、水沟、淤泥中,分布于长江流域下游地区。

本科水韭属(*Isoetes*)的最古老代表为 *Isoetopsis choffatii*,发现于葡萄牙赛尔卡尔以及俄罗斯秋明附近的下白垩统亚普梯—阿尔必组。在俄罗斯西伯利亚东北部的晚白垩世地层中还发现过弯钩拟水韭(*Isoetopsis onkilonicus*)。在美洲晚白垩世和古新世发现过与水韭很接近的刺毛水韭(*Isoetes horridus*)。

此外,在早三叠世地层发现过该科的古老代表属(*Pleuromeia*),在德国哈兹(Hardt)地区的奎德林堡(Quedlinberg)城下白垩统纽康曼层发现过原始的古老属那托斯特属(*Nathorstiana*)(中国科学院北京植物研究所古植物研究室孢粉组,1976)。

四、苹科 Marsileaceae

苹属 *Marsilea*.L

苹 *M. quadrifolia* L.(图版 3:11-15)

本种具大小两种孢子。由于大孢子数量少,一般不易收集。G. Erdtman(1971)曾描述过埃及苹(*M. aegyptiaca* Willd.)(印度标本)的大孢子,大小约 495 μm×390 μm(最长轴和最短轴),卵圆形,在孢子顶端有一层薄壁区,周壁具分布较密的细柱(约 18 μm 高和 0.5 μm 宽),形成不规则的网状纹饰。

小孢子为近似球形。大小为 52.2～78.3 μm。但经分解后,孢子形成不同程度的褶皱。三裂缝,较短,在褶皱孢子上不能确定。具很明显的周壁,由分布很密的细柱状分子所组成,细柱状分子中空,长度约为 5.2 μm,宽度约为 0.5 μm,顶端渐尖。外壁厚度为 3.5～5.2 μm,分层性明显,外层厚于内层4～5倍(中国科学院北京植物研究所古植物研究室孢粉组,1976)。

本种为多年生湿生植物,生于水田或沟塘中,广布于长江以南各省区,北达华北和辽宁,也产于新疆北部;世界温热两带其他地区也有分布。

本科化石从白垩纪(如苹属 *Marsilea*)至新近纪(新第三纪)(如 *Pilularia*)均有发现。从北美的白垩系和哈萨克斯坦西南部上白垩统赛诺曼—土伦组中发现过苹属的叶化石。而在西伯利亚的白垩系、顿河下游和乌克兰的中新统、沿贝加尔湖东南部以及滨海区的新近系(中新统)和北美白垩系沉积物中均有发现过苹属的大小孢子。*Pilularia* 的化石遗迹发现于伏尔加河—顿河流域的中新统中期沉积物中。*Pilularia* 属大小孢子与苹属很相似。在我国山东东营地区古近纪(下第三纪)地层亦发现本科的大小孢子(中国科学院北京植物研究所古植物研究室孢粉组,1976)。

五、瓶尔小草科 Ophioglossaceae

瓶尔小草属 *Ophioglossum* Linn.

狭叶瓶尔小草 *O. thermale* Kom.（图版 3:16-19）

孢子极面观为圆三角形,赤道面观为半圆形。大小为 48.8(46.4～56.1) μm×39.0(34.2～43.9) μm。具三裂缝,裂缝长度为孢子半径的

2/3,裂缝较直,不扭曲。外壁厚度约为 3 μm,两层,处理后外壁外层常不脱落,外壁具明显的细网状纹饰(近似穴状)(中国科学院北京植物研究所古植物研究室孢粉组,1976)。

本种为小型湿生植物,高 10~16 cm。生于温泉附近、潮湿地或山地草坡。分布于云南、四川、湖北、江西、台湾、江苏、河北、陕西和东北;朝鲜、日本也有分布。

本科化石遗迹比较贫乏,在意大利始新世地层发现有 *Ophioglossum eocenicum* 营养器官的化石印痕。在俄罗斯晚白垩世和侏罗纪发现有瓶尔小草属(*Ophioglossum*)的化石孢子,如 *Ophiglossum fistulosum* 和 *Ophioglossum dispar*。此外,在俄罗斯维留依斯克盆地侏罗纪—白垩纪还发现瓶尔小草属另外几种化石孢子(如 *Ophioglossum bacculliterus*,*O. tulvaster*,*O. glomerosum*,*O. tescus*,*O. delectus*,*O. multicavus*)。

与瓶尔小草科相近的化石分散孢子的形态属有 *Undulatisporites* Pflug,1953(属型:*U. microcutis* Pflug,1953),我国在北京早白垩世晚期找到过类似的孢子(中国科学院北京植物研究所古植物研究室孢粉组,1976)。

六、紫萁科 Osmundaceae

紫萁属 *Osmunda* Linn.(化石图版 I:4-10)

1. 粗齿紫萁 *O. banksiifolia*(Presl)Kuhn(图版 4:1-4)

孢子极面观为近圆形,赤道面观为椭圆形。极轴长度为 62.4~70.1 μm,赤道轴长度为 75.3~80.5 μm。具三裂缝,裂缝长,几达孢子赤道线。外壁厚度约为 4 μm,分层性明显,外层厚于内层,具小疣状纹饰,小疣常相连接,表面形成弯曲的条纹状(中国科学院北京植物研究所古植物研究室孢粉组,1976)。

本种为湿生植物,生于阴沟边,分布于我国福建、浙江、台湾;菲律宾、摩洛哥和日本也有分布。

2. 亚洲分株紫萁 *O. cinnamomea* L. var. *asiatica* Fernald(图版 4:5-6)

孢子极面观为三角圆形或近圆形,赤道面观为椭圆形。大小为 73.2(68.3~80.5) μm×58.6(51.2~63.4) μm。三裂缝,裂缝细长,几达孢子赤道线。外壁厚度为 3.5~4.0 μm,分层性明显,外层厚于内层,具短棒状纹饰(中国科学院北京植物研究所古植物研究室孢粉组,1976)。

本种为湿生植物,生于沼泽地或潮湿山谷,成群丛。本种植物的分株紫萁(*O. cinnamomea* L.)广泛分布于北美洲东部、纽芬兰、墨西哥、西印度群岛等地,产于亚洲的属于变种 *O.* var. *asiatica* Fernald,本变种产于吉林、黑龙江、四川西部、云南西北部;俄罗斯远东地区、日本、朝鲜、印度北部及越南都有分布。

3. 绒紫萁 *O. claytoniana* Linn. (图版 4:7-10)

孢子极面观为近圆形,赤道面观为椭圆形。大小为 65.0(63.0~68.4) μm×56.9(55.4~58.5) μm。三裂缝,裂缝细长,几达孢子轮廓线。外壁厚度为 3.2~4.0 μm,分层性明显,内层薄,外层厚,具短棒状纹饰(中国科学院北京植物研究所古植物研究室孢粉组,1976)。

本种为湿生植物,生于沼泽地或潮湿山谷中,海拔 3 400 m,分布于东北、四川西部、云南西北部和西藏南部;北美洲也有分布。

本科孢子特征为体积较大,形状为圆三角形到近圆形(但常裂开),易褶皱,外壁纹饰为短棒状(近似瘤),少数为小疣状。易与其他孢子区别。从上述三种孢子形态看,除大小略有区别外,其他难以区分。

与本科有关的化石从晚石炭世就已存在,但可靠的茎、叶、孢子化石始于二叠纪。在中生代,特别是在晚三叠世、侏罗纪及早白垩世本科分布十分广泛,在植被中曾起过重大作用。从晚白垩世以后,本科在化石中起的作用开始减少,但在第三纪时仍然占有一定地位。

在我国,紫萁科孢子化石在三叠纪以后的地层中很常见,西南晚三叠世,山西大同的中侏罗世,辽宁阜新的晚侏罗世和早白垩世都有本科孢子化石分布。东北铁岭上侏罗统地层中本科孢子可达孢子总含量的 10% 以上。江苏句容早白垩世含有紫萁属和拟托第属(*Todites*)的孢子。东北鸡西穆棱组(早白垩世早期)、湖北东湖王龙组、松辽平原的泉头组(早白垩世早中期)、青山口组(早白垩世晚期)、四方台组(晚白垩世)、苏北和广东古近纪、辽东和山西西北部渐新统以及北京地区古近纪均有本科孢子出现。

紫萁属(*Osmunda*)出现较晚,化石发现于晚白垩世,至第三纪达到广泛分布。根据硅化木和叶化石来判断,在二叠世和中生代沉积中归于紫萁属的孢子,有可能属于该科已绝灭的某些属的孢子。这说明该科不同属孢子在形态上十分相近。

七、水蕨科 Parkeriaceae

水蕨属 *Ceratopteris* Brongn(化石图版 II:1-3)

水蕨 *C. thalictroides* (L.)Brongn.(图版 5:3-7)

孢子四面体形,辐射对称。极面观为钝三角形或三角圆形,赤道面观为超半圆形。孢子大,大小为 130(108～149) μm×121(93～130) μm。具三裂缝,裂缝长达孢子半径的 2/3。不具周壁。外壁很厚,约有 14 μm,层次明显,外层厚于内层,外层具肋条状纹饰,肋的排列有一定的方向,在远极面肋条与孢子轮廓线三边平行,每边有 6～7 条,在近极面每边肋条仅 3～4

条或更少,形状弯曲(中国科学院北京植物研究所古植物研究室孢粉组,1976)。

本种为一年生水生或沼生植物,高可达 80 cm。生于湖沼、池塘、水田或水沟的淤泥中,有时漂浮于深水水面上。广布于世界热带和亚热带地区。我国的广东、台湾、福建、江苏、浙江、安徽、湖北、四川、广西、云南等地均有分布。湖北的洪湖(李孝慈,1982)、保安湖(苏泽古等,1991)、牛山湖(刘文郁等,1988)等均分布于水深 1 m 左右的沿岸带,生长良好。

本科在地层中经常遇到的是孢子,而叶化石很少。水蕨化石孢子常定为肋纹孢(*Cicatricosisporites* Pot. et Gell. ,1933)。发现于乌克兰克里米亚、俄罗斯莫斯科州等地的下白垩统,高加索、西西伯利亚、外贝加尔等地的第三系地层中。我国华北、苏北地区新近系(上第三系)及苏南第四系地层中常出现,东北下辽河田庄台组古近系(老第三系上部)、山东东营(第三系)有时也大量出现(埃尔特曼,1978;石油化学工业部石油勘探开发规划研究院等,1978)。

八、槐叶苹科 Salviniaceae

槐叶苹属 *Salvinia* Adans(化石图版 III:1-4;IV:1-2)

槐叶苹 S. *natans*(L.)All. (图版 6:1-9)

槐叶苹具大小两种孢子。大孢子很大,肉眼能看见。为花瓶状,长度约 700 μm,宽度约 525 μm。瓶颈向内收缩,三裂缝位于瓶口(孢子的一顶端),不具周壁,外壁表面形成很浅的小凹洼。但经过分解后,孢子都从裂缝处破裂,体积膨大,形成褶皱,看不见裂缝,表面光滑。

小孢子为球形或近球形,直径为 20.9～32.2 μm,多数为 28.7 μm。三裂缝,裂缝很细,约为孢子半径的 1/2;裂缝处外壁常内凹,形成三角形状。不具周壁。外壁较薄,厚度为 0.9~1.3 μm,分层性不明显,表面光滑(中国科学院北京植物研究所古植物研究室孢粉组,1976)。

本种为多年生漂浮植物,生于湖沼、水田、沟塘和静水溪河内,常自组成单优群落,广布于长江以南及华北和东北,镜泊湖(陈耀东,1985)、黑龙江省(于丹等,1988)、新疆乌鲁木齐、布尔津地区(中国科学院新疆资源开发综考队,1989)、滇池、洱海(载全裕,1986;1984)、鄱阳湖、赤湖(官少飞等,1988;1987)、太湖(曹萃禾,1987)、洪湖、保安湖、牛山湖等均有分布;越南、印度、日本和欧洲也有分布。

槐叶苹属的叶化石曾发现于库页岛的古近系,哈萨克斯坦和西西伯利亚的始新统,乌克兰以及高加索的中新统沉积物中。在荷兰民德—里斯间冰期沉积物中发现过槐叶苹(*Salvinia cf natans*)的化石。大孢子发现于天山的中侏罗统、哈萨克斯坦的白垩统、滨海区的第三系,欧洲的始新—中新统,非洲的始新统,日本、北美、南美的古近系,印度尼西亚的新近系沉积物中。H. A. 波里多维廷娜(1956)在《维柳依斯克盆地侏罗—下白垩系沉积孢粉图谱》一书中描述过两种发现于雅库提斯克的中侏罗统沉积物中的槐叶苹小孢子。

我国东北上白垩统以及抚顺古近系发现过槐叶苹的叶化石。在山东昌乐上始新统—中渐新统以及泗水中下渐新统,临朐中新统,东营第三系,苏北新近系,江汉盆地新近系,广华寺组(江汉石油管理局地质处化验室古生物组,1976)、河南南部第三系沉积物中也发现过槐叶苹(*Salvinia cf natans. L.*)的大孢子。在北京古近系沉积物中也发现过不少类似槐叶苹的大孢子(石油化学工业部石油勘探开发规划研究院等,1978;中国科学院北京植物研究所古植物研究室孢粉组,1976)。

九、金星蕨科 Thelypteridaceae

沼泽蕨属 *Thelypteris* Schmidel

沼泽蕨 *T. palustris*(Salisb.)Schott(图版 4:11-12;5:1-2)

孢子左右对称。极面观为椭圆形,赤道面观为半圆形。孢子大小为 48.6(46.8~53.9)μm×33.3(28.2~35.8)μm。单裂缝,线形,不具边缘,长度为孢子全长的 1/2。周壁透明,具刺状突起,刺末端尖或钝,高度为 2.3~3.5 μm,基部分叉,表面投影形成网状图案,网眼不规则成三角形、多角形或梭形等。外壁厚度为 1.5 μm,表面光滑(中国科学院北京植物研究所古植物研究室孢粉组,1976)。

本种为湿生植物,株高 35~50 cm,生于沼泽或草甸中,广布于我国各地;世界温带其他地区也有分布。

关于蕨类植物孢子的进化,张金谈先生(1979)认为体现在以下 4 个方面:

(1) 体积小→体积大;

(2) 具三裂缝→具单裂缝;

(3) 具不明显的四分体痕迹→具明显的四分体痕迹;

(4) 具薄的孢壁→具厚的有纹饰的孢壁;

例如,蕨类植物比较古老的科(膜蕨科、紫萁科),其孢子只有薄的孢壁和微弱可见的四分体痕迹;而比较进化的科则有厚的孢壁及明显的纹饰。单裂缝孢子无疑地比三裂缝孢子出现晚,Kremp(1967)认为单裂缝出现于中泥盆纪,到第三纪时占主要地位(张金谈,1979)。从上述的 9 科 9 属 17 种水生蕨类植物孢子形态比较中大致可以看出,金星蕨科中的沼泽蕨孢子为单裂缝,为较进化类型。槐叶苹的大小孢子虽为三裂缝,但其孢子体积很大,肉眼能看见;水蕨孢子为三裂缝,但其体积也大,均为较进化类型。宽叶水韭、中华水韭的大孢子为三裂缝,而小孢子为单裂缝同时存在两种类型,这可能属于三裂缝向单裂缝的过度类型。问荆、大问荆、笔管草、散生木贼、水生木贼、节节草孢子为无裂缝,但有时可见一条"裂隙",有学者认为是无裂缝和单裂缝的过度类型。

第二节　单子叶植物花粉形态分科描述

一、泽泻科 Alismataceae

(一) 泽泻属 *Alisma* L.

1. 窄叶泽泻 A. *canaliculatum* A. Braunet Bouche(图版 7:1-2)

花粉粒为多面体状圆球形。大小为 30.9(26.0~34.5) μm×30.6 (26.0~34.5) μm。具散孔,孔约 17~23 个,圆形,直径 3.6 μm。外壁厚 2.03 μm,外层大于内层。外壁表面具长<0.2 μm 的小刺状突起(简永兴等,1991)。

本种为多年生沼生植物,生于沼泽边缘或水沟中,花果期 6~9 月,分布于我国长江以南各省;朝鲜、日本也有分布。

2. 泽泻 A. *orientale*(Sam)Juzepcz(图版 7:3-6)

花粉粒为多面体状,圆球形。大小为 23.5(21.0~26.0) μm×23.4 (21.0~26.0) μm。具散孔,孔约 12~16 个,孔圆,边缘不平,孔界限不明显,孔直径约为 5 μm,孔膜上具颗粒。外壁厚约 2 μm,外层厚于内层。表面具细网状纹饰(光镜)。电镜观察外壁具有长为 <0.2 μm 的小刺状纹饰(简永兴等,1991)。

中科院植物所形态室孢粉组(1960)描述散孔约 16～20 个,表面为细网状纹饰;中科院植物所古植物室孢粉组、华南植物所形态室(1982)描述直径为 25(22.5～27.0) μm,具散孔,孔 10～16 个,表面为细网状纹饰。

本种为多年生沼生植物,生于沼泽、浅水池沼或水田中,尤其喜生于黏性小、土壤松、排水较好的沼泽地,花果期 6～10 月,我国各省区均有分布;俄罗斯、蒙古、日本、印度北部也有分布(陈家宽等,1983)。

3. 大花瓣泽泻 A. *plantago-aquatica* L.(图版 7:7-10)

花粉粒近球形,直径 26.3～36.6 μm,平均 32.4 μm。艾特曼(1954)测得直径约 25 μm;坡克罗夫斯卡娅等(1956)记述直径为 24～26 μm,经常为 25 μm;《中国植物花粉形态》一书中描述的直径 24.9(22.5～27.0) μm。有孔 11～13 个或更多,孔一般圆形,孔径为 5 μm,边不平,具孔盖,上有颗粒状结构,故界限不明显。外壁厚约 3.5 μm,分为两层,外层倍厚于内层。纹饰颗粒状,孔间区的较粗,孔边的较细(宋之琛等,1965)。

本种为多年生沼生植物,喜生沼地、浅水或河边沙滩上、水田中,花果期 6～10 月。有时可见挺水,亦有没水生长,但未见在水中开花。分布于我国东北、内蒙古、山西、河北、甘肃、新疆等地。刁正俗先生于 1980、1982 年发现,自四川的西昌南至云南西北部,东至贵州西部都是这个种,故新拟为大花瓣泽泻(刁正俗,1990);非洲、欧洲以及俄罗斯的亚洲地区和蒙古也有分布。

泽泻属(*Alisma*)的花粉化石在第四纪湖沼沉积中常可遇见。近几年来,在我国昆仑山口 4 770 m 处,发现了泽泻属(*Alisma*)、黑三棱属(*Sparganium*)及其他水生植物的花粉化石,为研究该地区及青藏高原的历史变迁,提供了重要线索。

（二）泽苔草属 *Caldesia* Perl.

肾叶泽苔草 *C. reniformis*（D. Don）Makino（图版 7:11-12）

花粉粒圆球形。大小为 18.5（15.5～20.0）μm×18.3（15.5～20.0）μm。具散孔，8～12 个，较泽泻属花粉孔数少，孔圆，直径 3.4 μm。外壁厚度 16.6 μm，外层厚于内层。具长小于 0.28 μm 的小刺状纹饰（简永兴等，1991）。

本种为多年生沼生植物，生于湖荡、池塘中，花果期 8～10 月，分布于浙江、江苏；日本、印度、马达加斯加及大洋洲也有分布。

（三）冠果草属 *Lophotocarpus* Durand

冠果草 *L. guyanensis* Durand et Schinz（图版 7:13-18）

花粉粒多面体球形，直径为 32.0（27.0～39.0）μm。具散孔，孔 10～14 个，不明显，分布均匀。外壁表面具小刺状纹饰（中国科学院植物研究所古植物研究室孢粉组等，1982）。

本种为一年生水生植物，簇生于水底，植株高 10～40 cm，喜生于湖荡和坑田中，也生于水沟、池沼和池塘中，花果期 9～10 月，我国南部、西南各省区均有分布；亚洲东部、东南部及非洲热带地区也有分布。

（四）慈姑属 *Sagittaria* L.

1. 弯喙慈姑 *S. latifolia* Willd.

花粉粒圆球形。大小为 23.0（21.0～25.0）μm×22.1（21.0～

24.0)µm。散孔,8~12 个,孔圆形,直径 4.1 µm。外壁厚 1.55 µm,外层大于内层。小刺状纹饰,刺长 1.24 µm,(简永兴等,1991)。

本种为多年生沼泽植物,生于湖荡边缘或浅水处,花果期 6~9 月,分布于陕西、江苏及东北和西北各省;欧亚大陆及北美也有分布。

2. 矮慈姑 *S. pygmaea* Miq. (图版 8:1-2)

花粉粒圆球形。直径为 34.9(28.5~37.5)µm。具散孔,10~15 个,孔圆,直径 4.2 µm。外壁厚 2.45 µm,外层厚于内层,具小刺状纹饰,刺长 1.31 µm(简永兴等,1991)。

本种为一年生沼泽植物,生长在沼泽、池塘、沟边及水稻田中,花果期 5~10 月,分布于我国西南、东南、华东各省区,北至陕西、河南;朝鲜、日本也有分布(陈家宽等,1983a;1983b)。

3. 慈姑 *S. sagittifolia* L. (图版 8:3-4)

花粉粒球形。直径为 25.0(22.6~27.5)µm。具散孔,孔不明显。外壁厚约 2 µm,内外层约等厚。表面具较均匀分布的小尖刺,刺长约 2 µm。扫描电镜观察,花粉粒椭球形。大小为 24.0×25.5 µm。具明显的散孔。小尖刺状纹饰(官子和等,1992)。

本种为多年生沼泽或湿生植物,主要生长于浅水潮湿地区或沟渠旁,花果期 6~10 月,我国南北各省均有分布,镜泊湖、三江平原沼泽地、滇池、草海、鄱阳湖、洞庭湖、洪湖、西凉湖、保安湖、牛山湖等湖边湿地或沟渠旁均有生长(于丹等,1988;官少飞等,1987;彭德纯等,1986;载全裕,1986;陈耀东,1985),南方各省有栽培;广布于欧洲、北美洲至亚洲。

植物标本采自湖北洪湖沟渠旁,编号为 87824。

4. 长瓣慈姑 *S. sagittifolia* L. var. *longiloba* Turcz. (图版 8:5)*

花粉粒椭球形。大小为 27.0(24.5~29.5)µm。扫描电镜照片测量

＊ 花粉样品为武汉大学所赠送,特表谢意。

结果为 24.0 μm×29.5 μm。具散孔。其外壁构造及纹饰与慈姑相类似（官子和等，1992）。

本种为多年生沼泽或湿生植物。它的生长和分布与慈姑相类同。花果期 6～10 月。

花粉形态特征是确立属间亲缘关系的重要依据之一。泽泻属，泽苔草属和慈姑属植物花粉表面均为小刺状纹饰，但前二者小刺长度很相近，均小于 0.3 μm，而后者小刺长度为 2.0 μm，远较前二者长。依据外壁表面从光滑或不发达至发达的演化趋势，泽泻属花粉与泽苔草属花粉亲缘关系较密切，二者较慈姑属花粉原始（简永兴等，1991）。

二、天南星科 Araceae

菖蒲属 *Acorus* L.

1. 菖蒲 *A. calamus*（图版 8:6-14）

花粉椭圆体形，极面观为椭圆形。大小为 22.6(21.8～25.2) μm×15.7(13.9～18.3) μm。单槽（远极），槽细狭。外壁厚度为 1.5～2.0 μm，内外层厚度几相等。表面平滑，在油镜下显细网状（中国科学院植物研究所古植物研究室孢粉组等，1982）。

宋之琛等（1965）、中国科学院植物研究所古植物研究室孢粉组（1960）、额尔特曼（王伏雄等译，1962）对本种植物花粉形态均有所描述。

本种为多年生挺水沼生或湿生植物，生于湖边湿地、沼泽溪边，在村庄、水田边常见栽培，花果期 6～9 月，分布南北两半球的温带，我国各省均产之；俄罗斯西伯利亚地区至北美洲也有分布，欧洲有引种。

2. 石菖蒲 A. *gramineus* Soland. -A. *tartarimowii* Schott（图版 8:15-21）

花粉粒椭圆体形，极面观为椭圆形，两端较狭。大小为 21.8(19.1～26.1) μm×12.2(11.3～13.9) μm。具单槽（远极），槽细狭。外壁厚约为 1 μm，一般见一层，在高倍镜下显两层，内外层等厚。表面平滑，在油镜下显细网状（中国科学院植物研究所古植物研究室孢粉组等，1982；宋之琛等，1965；中国科学院植物研究所古植物研究室孢粉组，1960）。

本种为多年生湿生植物，常生于海拔 20～2 600 m 的密林下、湿地或溪边岩石上，花果期 4～9 月，分布于我国黄河以南各省；越南、印度东北部至泰国北部也有分布。

三、花蔺科 Butomaceae

花蔺属 Butomus L.

花蔺 B. *umbellatus* L.（图版 8:22-24）

花粉为二合体，二合花粉的每一个花粉粒为钝三角形，基部朝向近极面（联生区域）。二合体的总高达 64 μm，横的直径为 28 μm。具一槽，长约 35 μm。外壁两层，外层厚于内层，网状（网胞大小到槽而减小）纹饰（额尔特曼，1962；坡克罗夫斯卡娅等，1956）。

本种为多年生典型的沿水边或沼生挺水植物，也可沉水生长，但细弱而不开花。生于湖边、溪流边、沼泽或浅水池塘中。分布于黑龙江、新疆（如博斯腾湖边）、陕西、江苏、河南、湖北（如洪湖边）、安徽、山东、山西、河北、内蒙古等省区；欧洲、亚洲其他地区也有分布。

花蔺属（*Butomus*）的花粉化石见于第四纪沉积物中,但比泽泻科(Alismataceae)的花粉少得多。花蔺的花粉化石比新鲜花粉颜色稍深,它的外壁较结实,具有较明显的网状结构。

四、鸭跖草科 Commelinaceae

（一）鸭跖草属 *Commelina* L.

鸭跖草 *C. communis* L.（图版 9:1-3）

花粉粒椭圆体形,赤道最长轴为 50(40~55) μm。具单槽。外壁厚约 2 μm,两层,外层厚于内层。表面具尖刺状纹饰,刺长 2.0~2.5 μm（中国科学院植物研究所古植物研究室孢粉组等,1982）。

本种为一年生湿生植物,生于潮湿地,分布于云南、甘肃以东的南北各省区;越南、朝鲜、日本、俄罗斯远东地区及北美洲也有分布。

（二）聚花草属 *Floscopa* Lour.

聚花草 *F. scandens* Lour.（图版 9:4-5）

花粉粒椭圆体形,赤道最长轴为 27.5(25~30) μm。具单槽。外壁厚约 1.5 μm,两层,外层厚于内层。表面具细网状纹饰（中国科学院植物研究所古植物研究室孢粉组等,1982）。

本种为多年生湿生植物,生沟边草地及林中湿地,分布于云南、广西、广东、湖南、江西、福建、浙江;印度至东南亚及大洋洲热带地区亦有分布。

（三）水竹叶属 *Murdannia* Royle.

水竹叶 *M. triquetra*（Wall.）Bruckn（图版 9:6）

花粉粒椭圆体形。大小为 50.0（40.0～52.5）μm×35.0（30.0～47.5）μm。单槽。外壁厚 2.5 μm，两层，外层稍厚于内层。表面具小刺状纹饰，刺长2.5 μm。

本种为一年生湿生植物，生于浅水边或潮湿地，为水田的习见种，花果期 6～7 月，主要分布于山东、河南以南，四川也有分布。

植物花粉采自湖北武汉东湖水边。

本科花粉形态特征主要在于外壁纹饰的差异，根据外壁纹饰，本科可分为以下 4 个类型（中国科学院植物研究所古植物研究室孢粉组等，1982）：

（1）外壁具网状纹饰，如聚花草属（*Floscopa*）；

（2）外壁具小刺状纹饰，如鸭跖草属（*Commelina*）、水竹叶属（*Murdannia*）；

（3）外壁具颗粒状纹饰，如兰耳草属（*Cyanotis*）；

（4）外壁具颗粒—网状或颗粒—条纹状纹饰，如穿鞘花属（*Amischotolype*）。

五、莎草科 Cyperaceae

（一）莎草属 *Cyperus* L.

1. 异型莎草 *C. difformis* L.（图版 9:7-8）

花粉粒为瓶状或卵圆形。大小为 36.0（32.5～40.0）μm×27.0

(25.0～32.0) μm。具 4 个不清晰的薄壁区（孔）。扫描电镜观察为明显的 4 个薄壁区，一个位于顶端，相当于瓶口，其余三个等距排列于赤道面。外壁薄，厚约 1 μm。细颗粒状纹饰。醋酸酐处理后，花粉粒多褶皱（官子和等，1992）。

本种为一年生湿生植物，主要生长在湖岸边或沟渠旁的潮湿地，花果期 5～10 月，主要分布于贵州、云南、四川、陕西、甘肃、湖北、福建、浙江、安徽、江苏、山西、河北及华南、东北；朝鲜、日本、印度、马来西亚及大洋洲、非洲也有分布。

植物标本采自湖北洪湖岸边的潮湿地。

2. 毛轴莎草 *C. pilosus* Vahl（图版 9：9）

花粉粒呈瓶状或卵圆形。大小为 35.0（30.0～40.0）μm×24.0（22.0～26.0）μm。具 4 孔，一个位于顶端，相当于瓶口，其余三个等距排列于赤道面，孔一般不清晰，边缘不平。外壁薄，一般见一层，常具褶皱。弱颗粒状纹饰（宋之琛等，1965）。

本种为多年生湿生植物，生于水边或积水洼地，花果期 8～10 月，我国自西南至华东、华南均有分布；亚洲其他地区、非洲热带地区和澳大利亚也有分布。

（二）荸荠属 *Eleocharis* R. Br.

透明鳞荸荠 *E. pellucida* Presl（图版 9：10）

花粉粒为瓶状或卵圆形。大小为 31.0（29.5～35.0）μm×26.0（25.0～27.5）μm。具 4 个不清晰的薄壁区，一个位于顶端，相当于瓶口，其余三个等距排列于赤道面。外壁薄，厚约 1 μm。细颗粒状纹饰。醋酸酐处理后，花粉粒多褶皱。除花粉粒体积较异型莎草略小外，其他形态结构均同于异型莎草（官子和等，1992）。

本种为多年生湿生植物，生于湖区浅水处或潮湿的淤泥地，花果期

5～10月,我国除西北外,各省均有分布;印度尼西亚、越南、印度、朝鲜、日本、俄罗斯远东地区也有分布。

植物标本采自湖北洪湖岸边的浅水处。

(三) 藨草属 *Scirpus* L.

1. 荆三稜 *S. maritimus* L. (图版 9:11)

花粉粒接近于椭圆形,大轴的一端稍微变窄,在相对的一端扁而扩大。侧面观花粉粒的外形接近于三角形。花粉粒直径大轴为 48～50 μm,小轴为 35～40 μm。具 4 孔,孔的开口广椭圆形,大小为 6 μm×12 μm,为稍为升高的外壁薄层所包围,有不均匀的齿状,在侧面投影图有"小蓖齿"的形状。这些孔边的小蓖齿是莎草科花粉区别于其他草类的最特殊的特征之一。基部的孔经常最显著。孔的排列方式为,一个"基部的"(按照额尔特曼),在花粉粒的表面,对应变窄的一端。三个侧孔对称排列于小直径的侧壁上。外壁薄,单层,柔弱,易褶皱,细网状纹饰(坡克罗夫卡娅等,1956)。

本种为多年生浅水或湿生植物,生于河湖、池塘边的浅水中或沼泽地,花果期 5～7 月,分布于我国的西南、华北、东北、长江流域各省及台湾地区;俄罗斯、朝鲜、日本也有分布。

2. 水毛花 *S. mucronatus* Diels. (图版 9:12)

花粉粒为瓶状或卵圆形,常褶皱而成不规则。大小为 42.5(37.5～47.5) μm×37.5(30.0～45.0) μm。具 4 个薄壁区,但不清晰,其分布同异型莎草。外壁薄,厚约 1 μm。小瘤状纹饰。其花粉粒结构与同属的荆三稜(*S. maritimus*)类同(官子和等,1992)。

本种为多年生挺水湿生植物,生于湖边、池塘、溪边的浅水处及沼泽地,常与慈姑混生,花果期 5～8 月,我国除新疆、西藏外均有分布;欧亚大陆其他地域也有分布。

植物标本采自湖北洪湖岸边的浅水处。

莎草科植物花粉在第四系中常碰到,孔虽不易全看到,但因其形状和孔的位置等特征,鉴定起来并不困难。但要鉴定到属、种,目前尚属困难。

六、谷精草科 Eriocaulaceae

谷精草属 *Eriocaulon* L.

流星草 E. *truncatum* Buch.-Ham. ex Mart.（图版 9：13-16）

花粉粒球形。直径为 20.0（18.0～24.0）μm。具螺纹状的萌发孔。外壁厚 1.5～2.0 μm,外层稍厚于内层。表面具瘤状突起的纹饰（中国科学院植物研究所古植物研究室孢粉组等,1982）。

本种为湿生植物,喜生于湿地或浅水中,花果期秋季至翌年春初,分布于福建、广东、广西、浙江;越南、柬埔寨、缅甸、印度、斯里兰卡、印度尼西亚和菲律宾均有分布。

七、禾本科 Gramineae

（一）芦苇属 *Phragmites* Adans.

芦苇 P. *communis* Trin.（图版 10：1）

花粉粒圆球形或椭圆球形。直径为 32.5（27.5～38.0）μm。具圆形单孔,孔周围加厚。外壁厚约 2 μm,内外层约等厚。细网状纹饰。扫描电镜观察,花粉粒圆球形。直径为 22.8 μm×24.1 μm,单孔,孔周围明显加厚形成孔环。细颗粒状纹饰。但颗粒较菰大些（官子和等,1992）。

本种为多年生大型挺水植物,株高 1～3 m,主要分布于湖岸湿地或浅水区域。花果期 7～11 月。在我国的湖泊中,以单优群落最为常见。博斯腾湖、乌梁素海、白洋淀、南四湖、洞庭湖、洪泽湖、太湖、巢湖、鄱阳湖、达布逊湖、镜泊湖以及东北的盘锦和三江平原沼泽地都是我国芦苇的重要产区。湖北洪湖的芦苇原为带状分布,近 30 多年来,由于人为影响,分布面积大为减少,目前是处于衰退的植物种类。全球温带地区均有分布。

植物标本采自湖北洪湖岸边潮湿地。

(二) 菰属 *Zizania* Gronv. ex. L.

菰 *Z. latifolia* Turcz.（图版 10：2-3）

花粉粒近球形或椭圆球形。大小为 37.5(31.3～39.5) μm×32.5 (27.5～35.0) μm。单孔,圆形,周围有加厚。外壁厚约 2 μm,内外层约等厚或外层稍厚于内层。表面较光滑,纹饰不清。醋酸酐处理后,花粉粒易褶皱。扫描电镜观察,花粉粒椭圆球形。大小为 32.8 μm×25.6 μm。单孔,孔周围明显加厚。细颗粒状纹饰(官子和等,1992)。

本种为多年生大型挺水植物,其株高可达 4 m,耐水深度优于芦苇和荻,故能在较深的水中生长,是湖泊沼泽化先锋植物之一。花果期秋季。分布于我国南北各地,三江平原沼泽地、白洋淀、微山湖、洪泽湖、太湖等。在湖北省的大小湖泊中,洪湖的菰群丛最大,其分布面积占全湖总面积的 1/3 以上,自沿岸水深 0.3～1.5 m 范围内呈明显的环带状分布。它的生物量也相当大,4～5 kg/m²(湿重)。植物残体每年沉积,对湖盆淤浅起着重要作用。在菰群丛的下层生长着多种沉水和浮水植物。俄罗斯的西伯利亚、蒙古、朝鲜、日本、泰国、印度均有分布。

植物标本采自湖北洪湖岸边的浅水处。

本科花粉化石发现于第三纪沉积中,在第四纪沉积物中十分常见。由于本科花粉形态较为类似,因此在化石鉴定中尚难区分其陆生、水生或属、种。

八、水鳖科 Hydrocharitaceae

（一）水筛属 *Blyxa* Noronha

水筛 *B. japonica*（Miq.）Maxim.（图版 10:4-5）

　　花粉粒圆球形。大小为 44.3（38.0～50.0）μm × 44.0（38.0～49.7）μm。无萌发孔。外壁厚 1.88 μm，两层，外层大于内层。小刺状纹饰，刺长 2.48 μm（简永兴等，1991）。

　　本种为沉水植物，生长于池塘、水沟、溪涧及水田中，花果期 5～10 月，分布于我国云南、广东、福建、台湾、安徽；朝鲜、日本、印度、尼泊尔和马来西亚也有分布。

（二）黑藻属 *Hydrilla* Richard.

黑藻 *H. verticillata*（L. f.）Royle（图版 10:6-7）

　　花粉粒圆球形。大小为 109.5（103.8～120.0）μm × 105.8（93.8～120.0）μm。无萌发孔。外壁厚 0.75 μm，两层，外层大于内层。表面具似塔形突起纹饰，长为 1.26 μm（简永兴等，1991）。

　　本种为沉水植物，生于湖泊、静水池沼、沟渠、溪流及水田内，有时甚茂密，成为优势种。花果期 6～9 月，花浮于水面。广布我国各省区，乌伦古湖、滇池、洱海、抚仙湖、泸沽湖、岱海、鄱阳湖、洞庭湖、太湖、洪泽湖、南四湖、洪湖、保安湖等均有分布。

（三）水鳖属 *Hydrocharis* L.

水鳖 *H. dubia*（BL.）Backer——*H. asiatica* Miq.（图版 10：8-10）

花粉粒球形，直径 21.0（23.5～26.0）μm。无萌发孔。外壁较薄，厚约 1.5 μm，内外层约等厚。表面具均匀分布的小刺，刺长 1.0 μm。花粉粒较水车前小，小刺也较短。但与藓类孢子不易区分（官子和等，1992；Muller J，1981）。

本种为多年生浮水植物，生于静水湖泊、池沼、溪流旁、沟渠及水田中，花果期 8～10 月。我国华中至广东、东北至华北均有分布，滇池、草海、鄱阳湖、洞庭湖、洪湖等均生长良好，洪湖常呈块状生长于挺水植物带内；欧洲、大洋洲和亚洲其他地区也有分布。

植物标本采自湖北洪湖挺水植物带内。

水鳖属花粉化石散见于新生代沉积物中。在周口店早上新世（孔昭宸，1985）和滇西更新世泥炭剖面均有发现。它们常与盘星藻（*Pediastrum*）、双星藻（*Zygnema*）伴生。

（四）软骨草属 *Lagarosiphon*

软骨草 *L. alternifolia*（Roxb.）Druce（图版 11：1-2）

花粉粒圆球形或近长球形。大小为 88.4（75.0～105.0）μm×78.7（66.5～92.5）μm。无萌发孔。外壁厚约 0.77 μm，层次不清晰。小刺状纹饰，刺的长度不明（简永兴等，1991）。

本种为沉水植物，生于池沼或稻田中，花果期 7～9 月，分布于云南、广东等南部地区；亚洲热带其他地区也有分布。

（五）水车前属（海菜花属）*Ottelia*（L.）Pers.*

水车前 *O. alismoides*（L.）Pers.（图版 11：3-5）

花粉粒近球形或椭圆球形。大小为 57.5（50.0～62.5）μm×50.0（47.5～57.5）μm。无萌发孔。外壁厚约 2 μm，内外层约等厚。表面具均匀分布的小尖刺，刺在基部较大，刺长约 2.5 μm。在化石孢粉鉴定中应注意和藓类孢子分开（官子和等，1992；Muller J，1981）。

本种为一年生沉水植物，多生于软泥底的静水湖泊、池沼及沟渠中，花果期 6～10 月。在洪湖主要分布在水深 1 m 左右的挺水植物带内，云南（李恒等，1979）、贵州、四川、广西、广东、湖南、湖北、江西、福建、浙江、安徽、江苏和河南均有较大面积的分布；广布于印度至澳大利亚。

植物标本采自湖北洪湖的挺水植物带内。

水车前属（日本，中国种子植物科属词典，中国水生高等植物图说），海菜花属（植物分类学报）是水生单子叶植物水鳖科中最大的一属，同时也是该科中花部特征最为复杂，兼具两性花种类和单性花种类，形态特征最为原始的一个属。目前已知本属约有 20 种，主要分布在热带非洲和亚洲东南部，中国南部是其重要的分布区。主要种类有：①巴氏海菜花 *O. balansae*（Gagnep.）Dandy；②龙舌草 *O. alismoides*（L.）Pers.（本草纲目），水白菜（广东潮安、湖南浏阳、湖北孝感、四川西昌和南川），水车前（日本，中国种子植物科属词典）；③ 海菜花 *O. acuminata* var. *acuminata*（Gagnep.）Dandy（原变种）（植物分类学报），海菜、龙爪菜（植物名实图考），大叶水车前、大叶海菜花、尖叶水车前（中国水生高等植物图说），海茄子（贵州威宁）；④波叶海菜花 *O. acuminata* var. *crispa*（Hand.-Mazz.）H. Li 变种（植物分类学报），特产于泸沽湖；⑤ 水菜花 *O. cordata*（Wall.）Dandy（海南植物志），异叶水车前（中国水生高等植物图说），出水水菜花（武汉植物学研究）。

　　本属植物在古热带非洲—冈瓦纳古陆起源后,在白垩纪末至古近纪始新世之间地球表面升温过程中,通过冈瓦纳古陆与劳亚古陆的通道到达劳亚古陆的东南部,从而形成亚洲东南部多样性中心。

　　本属的化石记录见于古近纪渐新世*。

（六）苦草属 *Vallisneria* L.

1. 美洲苦草 *V. americana*（图版 11:6）

　　花粉粒近长球形、圆球形或长球形。大小为 88.4(75.0～107.5) μm×74.7(66.3～90.4) μm。无萌发孔。外壁厚 0.78 μm,层次不清晰。颗粒状纹饰。颗粒大小为 0.53 μm(简永兴等,1991)。

2. 刺苦草 *V. spinulosa* Yan（图版 11:7-8）

　　花粉粒圆球形或近长球形。大小为 63.0(47.5～70.4) μm×58.2(42.5～66.5) μm。无萌发孔。外壁厚 0.63 μm,层次不清晰。具小刺或颗粒状纹饰。刺长 0.46 μm(简永兴等,1991)。

　　本种为沉水植物,分布我国湖南、江苏和湖北（新分布）等地,1986 年刁正俗先生又在天津发现本种。

3. 苦草 *V. spiralis*

　　花粉圆球形。大小为 22.0(20.0～25.0) μm。无萌发孔。外壁厚 1.0 μm,层次不清晰。颗粒状纹饰(官子和,1988)。

　　植物花粉样品采自中科院水生所倪乐意教授的"栽培种"(1988.9.15)。

　　本种为多年生沉水植物,生于浅水湖泊、池沼、溪河及水田中,花果期 6～10 月。苦草群落在亚热带广泛分布,反映出亚热带湖泊植被的特征,

----

　　* 关于水车前属（海菜花属）植物的种类及起源等的记述参阅 1990 年何景彪武汉大学博士学位论文"中国海菜花属的系统植物学与物种生物学研究"。

故一般将它作为亚热带淡水湖泊的指示群落。我国的滇池、洱海、抚仙海、鄱阳湖、洞庭湖、太湖、南四湖、洪湖、长湖、西凉湖、保安湖、牛山湖、赤湖等均有较大面积的分布(苏泽古等,1991;孙竹友,1989;冯竹友等,1989;于丹等,1988;曹萃禾,1987;官少飞等,1987;彭德纯等,1986;载全裕,1986;载全裕,1984;赵佐成等,1984;载全裕等,1983;李恒等,1979),台湾地区、黑龙江省、新疆也有分布;世界亚热带、温带地区均有分布。

水鳖科中,水筛属和水车前属花粉外壁表面均具简单的突起,后者兼具脊状条纹;水鳖属花粉的突起呈塔形钟乳石状;苦草属与软骨草属花粉的突起均很短,远没有其他四属的发达。基于此,初步认为苦草属与软骨草属植物花粉最原始,黑藻属花粉最进化,水鳖属次之,水车前属花粉较水筛属进化。然而苦草属与软骨草属植物在宏观形态上似乎不是六属中最原始的类群,二者均具雌雄异株的进化特征。花粉形态在黑藻属、水鳖属、水车前属和水筛属四属所体现的进化关系,基本与植物体宏观性状特征所反映的进化关系一致,黑藻属植物不但是雌雄异株,还具有叶 4~8 片轮生的特征(水鳖科的其他属无轮生现象),所以它最进化。水鳖属植物花单性,但雌雄同株;水车前属植物既有单性花,又有两性花;水筛属植物全为两性花,反映出水鳖属较水车前属进化,后者又较水筛属进化的趋势(简永兴等,1991)。

九、鸢尾科 Iridaceae

鸢尾属 *Iris* L.

1. 马蔺 *I. ensata* Thunb.(图版 11:9-10)

花粉粒椭圆体形,两侧对称,极面观为椭圆形,赤道面近舟行。大小为

80.6(78.0～93.6) μm×44.2(33.8～46.8) μm。具单槽,槽较宽。外壁厚度 2.6～3.0 μm,外层稍厚于内层。表面具细网状纹饰(中国科学院植物研究所古植物研究室孢粉组等,1989)。

　　中科院植物所形态室孢粉组(1960)对本种植物花粉(栽培)形态描述大小为 108～162 μm×75.6～102 μm。椭圆体形,体积较大,具单沟(远极沟)。表面具清楚的网状纹饰。宋之琛等(1965)曾对本种花粉形态进行研究,并描述为扁球形,大小约 100.3 μm×81.2 μm,具一远极沟,网状纹饰。

　　本种为多年生湿生植物,生于沟边、路边或湿草地,分布于我国华东、华北、东北、西北及西藏并均有栽培;中亚、日本等地亦有分布。

2. 菖蒲鸢尾 I. *pseudacorus* Linn. (图版 11:11-12)

　　花粉粒椭圆体形,两侧对称。极面观为椭圆形,两端纯圆,赤道面观为舟形。大小为 101.4(91.0～106.0) μm×52.0(41.6～59.8) μm。具单槽,槽宽,中间窄,向两端逐渐加宽,界线不明显。外壁厚度为 2.6～3.5 μm,两层明显,外层稍厚于内层。表面具网状纹饰(中国科学院植物研究所古植物研究室孢粉组等,1982)。

　　坡克罗夫斯卡娅等(王伏雄等译,1956)将本种花粉描述为圆—椭圆形,直径为 60～70 μm,无孔、沟,外壁两层,外层显著颗粒状—小瘤状,表面为网状纹饰(坡克罗夫斯卡娅等,1956)。埃尔特曼将本种花粉形态描述为花粉粒具单沟(远极沟),两侧对称(约为 55 μm×100 μm×60 μm),沟窄,长约90 μm,外壁厚约 2.5 μm(在花粉的近极面),外层厚于内层,具粗网状纹饰(埃尔特曼,1978)。

　　本种为湿生植物,喜生于潮湿地或沼泽,分布于美洲东北部、欧洲、土耳其、北非北部;我国有庭院栽培。

　　鸢尾属(*Iris*)的花粉化石在上第四纪沉积中遇见(坡克罗夫斯卡娅等,1956)。

十、水麦冬科 Juncaginaceae

水麦冬属 *Trigloehin* L.

1. 海韭菜 *T. maritimum* L.（图版 12：1）

花粉粒球形，近球形，大小为 26.1(25～30) μm×26.05(25～30) μm。额尔特曼(1962)描述直径为 25～30 μm(额尔特曼,1962)。无萌发孔。外壁厚 1 μm,层次模糊。光学显微镜下外壁纹饰为细网状。扫描电镜下外壁纹饰为网状,网眼较小;网脊均匀,表面有 2 排排列较密的小颗粒,基柱不明显或无(王镜泉,1990)。

本种为多年生湿生植物,生于湿润沙地、海边及盐滩上,花果期夏秋,分布于我国西南、西北、华北、东北及山东;南美及北半球其他地区也有分布。

2. 水麦冬 *T. palustre* L.（图版 12：2）

花粉粒球形或近球形。大小为 21.30(20～25) μm×21.25(20～25) μm。无萌发孔。外壁厚 1 μm,层次模糊。光学显微镜下为网状纹饰。扫描电镜下外壁纹饰为网状,网眼较大;网脊均匀,表面有 1～2 排排列稀疏的小颗粒,有基柱(王镜泉,1990)。

本种为多年生湿生植物,喜生于盐碱沼泽或浅水处,分布于我国东北、华北、西南、西北;欧洲、北美及俄罗斯亚洲地区、日本也有分布。

水麦冬属的花粉形态,在光学显微镜下,与眼子菜属(*Potamogeton*)(尤其是与那些匀脊匀柱型的)的花粉难以区分,它们都有着球形或近球形的形态,中等偏小的体积,清晰的网状纹饰和无孔沟的结构。在扫描电镜下,可看到水麦冬属花粉网脊上的颗粒与多数眼子菜的有所不同,他非常清晰明显(眼子菜属内也有较明显的种类,如小叶眼子菜)。还可看到基柱发育的程度不如眼子菜属,尽管如此,其他方面和眼子菜属相像。Takhtajan,汪劲武(1984)和 Cronquist(1981)认为眼子菜科和水麦冬科关系近,眼子菜科可能来自水麦冬科,据花粉资料支持这种看法。水麦冬属和眼子菜属有着更加靠近的关系(王镜泉,1990)。

水麦冬科在化石状态下很少见,在黏土及泥炭土沉积中发现较多(坡克罗夫斯卡娅等,1956)。

十一、浮萍科 Lemnaceae

(一)浮萍属 *Lemna* L.(化石图版 II:4-7)

1. *L. gibba*(图版 12:3)

花粉粒圆球形,直径 22 μm。具一萌发孔(拟单孔,常常很难看清)。外壁层次模糊。具较稀疏的小刺状纹饰,刺长约 1.5 μm(额尔特曼,1962)。

2. 品萍(三叉浮萍)*L. trisulea* L.(图版 12:4)

花粉粒圆球形,直径约 24 μm。具单孔。外壁层次模糊(额尔特曼,1962)。

本种为多年生沉水或浮水植物,常沉水底,生花时的叶状体则漂浮水面生长。生于池塘、水沟、浅水湖泊或泉水等静水中。花期 5～6 月。广布于我国各省区;北半球温带地区常见。

(二)无根萍属 *Wolffia* Hook ex Behleid

无根萍(芜萍)*W. arrhiza*(L.)Wimm.

额尔特曼(1962)在《花粉形态与植物分类》一书中仅记述花粉粒直径

约 16 μm(Gupta 文献)。花粉粒体积较 L. gibba 及品萍(L. trisulca)小。

　　本种为漂浮植物,植物体为种子植物中最小的植物之一。有如绿色的沙粒,无根,漂浮于水面,通常分裂繁殖。生于静水水沟、池塘和水田中。花期春夏季。分布于我国东南各省区;广布于世界热带和亚热带地区。

　　浮萍属(Lemna sp.)的花粉化石,在我国渤海沿岸地区古近系的山东垦利,沙河街组三段—二段;山东广饶,沙河街组二段及辽宁盘山,东营组均有发现。

十二、茨藻科 Najadaceae

茨藻属 Najas L.

1. 弯果茨藻 N. ancistrocarpa A. Br. ex Magn

　　花粉粒长球形。大小为 39.9(37.0～42.3) μm×25.0(23.0～27.6) μm。具一远极单槽,大小为 18.3 μm×3.4 μm。外壁厚度 0.58 μm,内外层等厚,绉波状纹饰(简永兴等,1991)。

2. 纤细茨藻(日本茨藻)N. gracillima A. Br. Magan.—— N. japonica Nakai

　　花粉粒长球形或近长球形。大小为 38.1(30.0～42.5) μm×27.4(25.0～31.3) μm。具一远极单槽,大小为 12.1 μm×3.2 μm。外壁厚 0.56 μm,内外层等厚。绉波状纹饰(简永兴等,1991)。

　　本种为沉水植物,生长于稻田、沟渠、藕田内,花果期 6～8 月,分布于我国湖北武汉东湖及台湾地区;日本、美洲也有分布。

3. 草茨藻 N. graminea Del.

　　花粉粒长球形或近长球形。大小为 62.0(50.0～68.8) μm×

40.0(33.0～45.0) μm。具一远极单槽,大小为 14.4 μm×2.9 μm。外壁厚 0.62 μm,内外层等厚。表面为绉波状纹饰(简永兴等,1991)。额尔特曼 (1962)描述,花粉粒椭圆形;按照 Kuprianova,长径约 52 μm,短径约 27 μm;无萌发孔,具薄的内壁;网的痕迹非常模糊。

本种为一年生沉水植物,生于湖泊、静水池沼或稻田浅水中,花果期 6～9 月,广布于我国各省区,鄱阳湖和洪湖有较大面积分布;亚洲、欧洲、大洋洲和非洲均有分布。

4. 多孔茨藻 N. foveolata A. Br. ex Magn(图版 12:5-6)

花粉粒超近长球形或长球形。大小为 91.2(72.5～115.0) μm× 34.3(29.3～45.0) μm。具一远极单槽,大小为 52.5 μm×5.0 μm。外壁厚 0.63 μm,内外层等厚。绉波状纹饰(简永兴等,1991)。

本种为一年生沉水植物,生于湖泊(尤其喜欢生于富营养化湖泊)、池沼、水田和缓流河水中。花果期 6～9 月。分布于我国华东各地,武汉东湖、湖北洪湖等均有分布;日本、菲律宾、南洋群岛和印度东部也有分布。

5. 大茨藻(玻璃藻[*]) N. marina L. (图版 12:7-8)

花粉粒长球形或超长球形。大小为 69.5(58.0～80.5) μm× 43.4(38.8～427.5) μm。具一远极单槽,大小为 40.7 μm×2.5 μm。外壁厚 0.59 μm,内外层等厚。绉波状纹饰(简永兴等,1991)。

本种为一年生沉水植物,生长于湖泊、水塘及缓流河水中,花果期 9～10 月。分布于华中、华北、华东、东北等地,滇池、泸沽湖、鄱阳湖、洞庭湖、西凉湖、保安湖、赤湖等均有较大面积的分布,武汉东湖在水深 3～4 m 淤泥层中常形成单优群落(陈洪达,1984);欧洲及日本也有分布。

6. 小茨藻 N. minor All.

花粉粒长球形或超长球形。大小为 53.6(45.0～67.0) μm×31.2 (25.0～36.5) μm。具一远极单槽,大小为 13.5 μm×3.0 μm。外壁厚

---

[*] 玻璃藻为刁正俗先生所称名,1990.

0.61 μm,内外层等厚。绉波状纹饰(简永兴等,1991)。

本种为一年生沉水植物,生于湖泊、静水池沼、缓流河水及水田中,花果期 7～10 月。我国西南、华中、华北、西北等地均有分布;欧洲及亚洲也有分布。

7. 澳古茨藻 *N. oguraensis* Miki(图版 12:9)

花粉粒长球形。大小为 62.0(57.5～65.0) μm×36.2(33.8～38.8) μm。具一远极单槽,大小为 21.5 μm×3.8 μm。外壁厚 0.58 μm,内外层等厚。绉波状纹饰(简永兴等,1991)。

本种为沉水植物,生于浅水湖泊或池沼、沟渠内,花果期 8～10 月,分布于武汉东湖,为我国新记录;日本也有分布。

茨藻科植物仅茨藻属(*Najas* L.)一属,广布世界温带、热带、亚热带地区的淡水或微咸水中。花粉形态较为一致,舟行、异极、具远极单槽萌发孔、绉波状纹饰,与泽泻科植物花粉比较,译泻科植物花粉为球形、无极、具多个圆形萌发孔、小刺状纹饰。按花粉从舟行、异极发展到球形、无极再到等极的进化趋势及具单槽萌发孔的小孢子是最古老小孢子类型的规律,泽泻科花粉较茨藻科花粉进化,花粉形态特征表明泽泻科并非最古老最原始的单子叶植物,而是比较进化的一类(简永兴等,1991)。

在英格兰和俄罗斯的渐新世沉积物中发现茨藻属的果实化石(Reid and Chandler,1926)。另外,Rendle(1901)也曾总结了更新世以后的茨藻化石记录,但总的看来,茨藻属化石记录稀少并许多是不确定的(Daghlian,1981)(游浚,1992)。

十三、露兜树科 Pandanaceae

露兜树属 *Pandanus* Parkins

1. 露兜草 *P. austrosinensis* T. L. Wu(图版 13:1-5)

花粉粒似豆形,左右对称。大小(长轴)为 26(23～27) μm。在长轴向的一端具一个近圆形的孔。外壁厚 1~1.8 μm,外层厚于内层。表面具细颗粒纹饰(中国科学院植物研究所古植物研究室孢粉组等,1982)。

本种为湿生植物,地上茎短。生于溪边、河旁或密林中。分布于我国广东、广西等省区。

2. 小露兜 *P. gressittii* Stone(图版 13:6-10)

花粉粒似豆形,左右对称。大小为(长轴)为 20(18~22) μm。表面具小刺纹饰。除花粉粒体积较露兜草略小及表面纹饰不同外,其他均同于露兜草(中国科学院植物研究所古植物研究室孢粉组等,1982)。

本种为直立湿生植物,生于水边或林中湿地,分布于我国广东;越南亦有分布。

十四、雨久花科 Pontederiaceae

凤眼兰属 *Eichhornia* Kunth

凤眼兰 *E. crassipes*(Mart.)Solms(图版 13:11-12)

花粉粒椭圆形。大小为 55.0(40.0~62.5) μm × 37.0(30.0~45.0) μm。2 小槽,常不明显。外壁厚 2.5 μm,内外层等厚或外层略厚于内层。细网状纹饰。醋酸酐处理后花粉粒易皱褶。

本种为浮水植物或根生于泥土中,生于湖泊、水塘、沟渠、河水及水田中。花期 7~9 月,生长繁殖快,产量大,有时可阻塞水道。分布于我国长江流域及华南各省,滇池、洱海、鄱阳湖、太湖、洪湖、牛山湖及武汉东湖等均有较大面积的分布;南美洲热带和亚热带为原产地。因花美叶特,又可作家畜、家禽饲料,我国南北各地均有栽培。

本种植物花粉采自武汉东湖水边。

十五、眼子菜科 Potamogetonaceae

眼子菜属 *Potamogeton* L. (化石图版 IV:3-6)

1. 菹草 *P. crispus* L. (图版 13:13-16)

花粉粒近球形。直径为 25.0(23.8~32.5) μm。无萌发孔。外壁薄,厚约 1 μm。具细网状纹饰。经醋酸酐处理后,花粉粒易皱褶(官子和等,1992)。扫描电镜观察,外壁纹饰为网状,网眼大,网脊不均匀并有突起(王镜泉,1990)。坡克罗夫斯卡娅等(王伏雄等译,1956)、简永兴等(1991)曾有研究和描述。

本种为多年生沉水植物,生于湖泊、静水池沼、沟渠及水田中。常形成单优群落或和菰群丛、眼子菜、轮藻及金鱼藻等混生一处,繁殖快(陈洪达,1984),能形成大量堆积,促使水体变浅。花果期 4~7 月。分布于我国南北各省区,滇池、洱海、抚仙湖、泸沽湖、鄱阳湖、洞庭湖、太湖及湖北的洪湖、长湖、西凉湖、保安湖和牛山湖等均有较大面积的分布;世界南北温带和亚热带都有其踪迹。

本种植物花粉采自湖北洪湖沟渠。

2. 小叶眼子菜 *P. cristatus* Regel et Maack(图版 13:17)

花粉粒球形或近球形。大小为 24.25(20~28) μm × 21.3(20~25) μm。无萌发孔。外壁 2 层或模糊,厚度 1.5 μm,外层厚于内层,细网状纹饰。扫描电镜观察,外壁纹饰为网状,网眼小,网脊均匀,表面有明显的双排小颗粒(简永兴等,1991;王镜泉,1990)。

本种为多年生沉水植物,根生淤泥中,生于池沼、水田中,花果期 5~8月,分布于台湾、江苏、浙江、河南、江西、福建、湖北、湖南、四川及东北;朝鲜、日本也有分布。

3. 眼子菜 *P. distinctus* A. Benn(图版 14:1-4)

花粉粒球形、近球形或卵球形。大小为 25.5(23~30) μm × 23.4 (20~25) μm。无萌发孔。外壁厚度为 1.5~2.0 μm,2 层,外层厚于内层。细网状纹饰。扫描电镜观察,外壁纹饰为网状,网眼小,网脊匀滑(简永兴等,1991;王镜泉,1990)。

本种为多年生沉水植物,生于湖泊、池沼、河流浅水处及水田中,花果期 5~8 月,分布于我国西南、西北、华中、华东、华北及东北各省区,镜泊湖、滇池、洱海、草海、洞庭湖、洪泽湖、白洋淀、湖北的洪湖、长湖等均有分布;朝鲜、日本也有分布。

4. 丝叶眼子菜 *P. filiformis* Pers(图版 14:5-6)

花粉粒球形,近球形。大小为 30.15(25~35) μm × 27.15(24~30) μm。无萌发孔。外壁厚度 1.5 μm,2 层,外层厚于内层。网状纹饰。扫描电镜观察,外壁纹饰为网状,网眼中等,网脊不均匀较细有小颗粒,网脊相交处基柱增粗(王镜泉,1990)。

额尔特曼(王伏雄译,1962)曾描述过,花粉具一种不明显的网。

5. 禾叶眼子菜 *P. gramincus* L.(图版 14:7-8)

花粉粒球形或近球形,大小为 23.25(20~25) μm × 20.55(20~25) μm。无萌发孔。外壁厚 1.5 μm,2 层,外壁厚于内层。网状纹饰。扫描电镜观察,外壁纹饰为网状,网眼近中等,网脊均匀具颗粒或近光滑(王镜泉,1990)。

6. 异叶眼子菜 *P. heterophyllus* Schreb(图版 14:9-10)

花粉粒球形,近球形。大小为 29.3(20~30) μm × 23.8(20~26) μm。无萌发孔。外壁厚度为 1~1.5 μm,2 层或模糊,外层厚于内层。细网状纹饰。扫描电镜观察,外壁纹饰为网状,网眼小,网脊匀滑或有明显的小颗粒(王镜泉,1990)。

本种为多年生浮叶植物,生于湖沼、池圹中,分布于我国东北;北半球其他地区也有分布。

7. 内蒙眼子菜 *P. intramongolicus* Ma（图版 14:11-12）

花粉粒球形、近球形或扁球形。大小为 35.6(28～45) μm×28.1(23～32) μm。无萌发孔。外壁层次模糊,厚度 1 μm。粗网状纹饰。扫描电镜观察。外壁纹饰为网状。网眼大,网脊细,基柱稀少,网脊相交处的基柱增粗(王镜泉,1990)。

本种为多年生水生植物。其形态特征接近龙须眼子菜(篦齿眼子菜),为内蒙古的特有种。生于静水和动水中,产自乌兰察布盟察哈尔右翼前旗的黄旗海中。1988 年 8 月 13 日,刁正俗先生组织的考察组在呼和浩特市昭君墓旁的水沟中采到了本种标本。

8. 光叶眼子菜 *P. lucens* L.（图版 14:13-14）

花粉粒球形或近球形。大小为 24.7(20～30) μm×21.7(20～25) μm。无萌发孔。外壁厚度为 1～1.5 μm,2 层,外层厚于内层。粗网状纹饰。扫描电镜观察,外壁纹饰为网状,网眼大,网脊匀滑(王镜泉,1990)。

本种为多年生沉水植物,生于湖泊、江河岸旁,花果期 6～8 月。我国西南地区仅见于云南,华东、东北、西北等地区均有分布,洱海、抚仙海、泸沽湖、南四湖、洪湖、新疆及黑龙江均有一定量的分布;广布各大洲,唯大洋洲极少。

9. 微齿眼子菜 *P. maackianus* Benn.（图版 15:1-4）

微齿眼子菜有称黄丝草。花粉粒球形或圆球形。大小为 25.0(22.5～27.5) μm×22.5(19.5～24.3) μm。无萌发孔。外壁薄,厚约 1.0 μm。具细网状纹饰。轮廓线呈小波浪形。由于花粉经醋酸酐处理,易皱褶,常呈不规则形状。与已发表的浮叶眼子菜(*P. natans* L.)相似(宋之琛等,1965;中国科学院植物研究所形态室孢粉组,1960)。扫描电镜观察,花粉粒球形或椭圆球形。大小为 18 μm×25 μm。无萌发孔。表面具明显不规则的网状纹饰。其网脊较突出,使其花粉轮廓线呈较规则的小波浪形(官子和等,1992;简永兴等,1991)。

　　本种为多年生沉水植物,生于浅水湖泊、池沼、水塘、沟渠中,花果期5~7月。分布于云南、四川及华中、华东、华北等省区,洱海、南四湖及湖北的洪湖、长湖、西凉湖、保安湖、牛山湖、江西的赤湖等均有较大面积的分布。洪湖分布于水深1.6~2.3 m,底质为灰黄色或黑色淤泥,含有机质较多。其分布面积约占总水面积的30%,仅次于菰群丛。覆盖度为90%~100%,在水的下层形成厚密的植丛,厚度达1 m以上,成为唯一的单优势群丛,被称为"水下森林"。伴生种主要有极少的聚草、黑藻、偶见金鱼藻、马来眼子菜和轮藻等。由于它的生物量大,除农民捞作肥料外,其余每年死后的淤积湖底,对湖泊的不断变浅起着重要作用。

　　本种植物花粉采自湖北省洪湖水深2 m处。

10. 马来眼子菜 *P. malaianus* Miq.（图版 15:5-6）

　　马来眼子菜有称竹叶眼子菜。花粉粒椭圆形,常因皱褶而不规则。大小为28.0(25.0~35.0) μm×22.5(20.0~28.0) μm。无萌发孔。除花粉粒一般略大与微齿眼子菜外,其外壁结构及纹饰与微齿眼子菜花粉粒相类似,也与已发表的篦齿眼子菜(*P. pectinatus* L.)相似(官子和等,1992;简永兴等,1991;王镜泉,1990;宋之琛等,1965)。

　　本种为多年生沉水或浮水植物,生于湖泊、池沼、水塘、溪流、沟渠及水田等,花果期7~11月。分布于广东、江苏、安徽、云南、贵州、四川、湖南、湖北、江西、河南、河北、台湾及东北,镜泊湖、滇池、洱海、抚仙湖、鄱阳湖、洞庭湖、太湖、洪泽湖、南四湖、湖北的洪湖、长湖、西凉湖、保安湖、牛山湖、江西赤湖等均有较大面积的分布,在洪湖的分布,它常间杂在微齿眼子菜、菰、聚草—金鱼藻＋黑藻群丛中;朝鲜、日本、印度、菲律宾群岛、婆罗洲、玛利亚那群岛和琉球群岛也有分布。

　　本种植物的花粉采自水深1 m左右的洪湖。

11. 浮叶眼子菜 *P. natans* L.（图版 15:7-11）

　　花粉粒圆球形或椭圆形,常因皱褶而不规则。大小为24.3(21~29) μm。

无萌发孔。外壁薄,厚不及 1 μm。细网状纹饰,网眼形状大小不一致,网脊窄。轮廓线不平(宋之琛等,1965;额尔特曼,1962;中国科学院植物研究所形态室孢粉组,1960)。

本种为多年生水生植物,生于湖泊、池沼、水田及浅河中,花果期 6~9 月。我国南北各省区均有分布;北半球温带地区广布。

12. 钝叶眼子菜 *P. obtusifolius* Mert. et Koch(图版 15:12)

花粉粒球形或近球形。大小为 21.8(18~25) μm × 19.9(17~24) μm。无萌发孔。外壁厚度 1 μm,层次模糊。网状纹饰。扫描电镜观察,外壁纹饰为网状,网眼较大,网脊匀滑(王镜泉,1990)。

本种为多年生水生植物,生于低山丘陵地区池沼、沟渠、浅水中,分布于湖北西南部。

13. 钝脊眼子菜 *P. octandrus* Poir(图版 15:13)

花粉粒球形或近球形。大小为 22.0(20~26) μm × 20.3(18~25) μm。无萌发孔。外壁厚 1 μm,层次模糊。网状纹饰。扫描电镜观察,外壁纹饰为网状,网眼中等,网脊细而均匀、光滑(简永兴等,1991;王镜泉,1990)。

本种为沉水纤弱草本,仅枝梢的数枚浮水叶浮于水面,生于池塘、溪流中,花果期 7~10 月。广布于我国广东、广西、云南和台湾等地区;爪畦、马达加斯加、印度、日本、澳大利亚和非洲各地也普遍分布。

14. 尖叶眼子菜 *P. oxyphyllus* Miq.(图版 15:14-15)

花粉粒球形。大小为 23.2(18~25) μm × 23.15(18~25) μm。无萌发孔。外壁厚 1 μm,2 层,外层厚于内层。细网状纹饰。扫描电镜观察,外壁纹饰为网状,网眼小,网脊均匀、光滑(王镜泉,1990)。

本种为多年生沉水植物,生于池塘中,花期 6~9 月。分布于吉林、安徽、浙江、福建、江西、云南、四川和台湾等省区;朝鲜、日本也有分布。

15. 帕米尔眼子菜 *P. pamiricus* Baagoe(图版 15:16-17)

花粉粒球形、近球形。大小为 37.7(35~40) μm × 31.8(30~35) μm。

无萌发孔。外壁厚度为 1.5 μm,2 层,外壁厚于内层。粗网状纹饰。扫描电镜观察,外壁纹饰为网状,网眼较大,网脊不整齐,有棘突,网脊相交处基柱增粗(王镜泉,1990)。

16. 篦齿眼子菜 *P. pectinatus* L.(图版 16:1)

篦齿眼子菜,刁正俗(1990)称其为龙须眼子菜。花粉粒球形、近球形或扁球形。大小为 35.9(30～40) μm×31.1(25～33) μm。无萌发孔。外壁厚度 1 μm,层次模糊。粗网状纹饰。扫描电镜观察,外壁纹饰为网状,网眼大,网脊细,基柱稀少,网脊相交处的基柱增粗(简永兴等,1991;王镜泉,1990;宋之琛等,1965;额尔特曼,1962)。

本种为多年生沉水植物,喜生于湖泊、池沼、水田、沟渠及浅河中,花果期 5～6 月。广布于我国南北各省区,青海湖、滇池、洱海、抚仙海、泸沽湖、南四湖、洪湖等均有分布。在扎陵湖的西部,黄河入海的河口段,有以篦齿眼子菜为单优势种的群落分布,覆盖度达 90% 以上,为全国湖泊所罕见。普遍见于南北温带;日本、朝鲜均产之,唯在热带地方不常见。

17. 穿叶眼子菜 *P. perfoliatus* L.(图版 16:2-3)

花粉粒球形、扁球形。大小为 28.4(25～31) μm×25.5(23～30) μm。无萌发孔。外壁厚 1～1.5 μm,2 层,外层厚于内层,网状纹饰。扫描电镜观察。外壁纹饰为网状,网眼小,网脊匀滑(王镜泉,1990)。坡克罗夫斯卡娅(1956)描述的直径为 20～24 μm,大多为 20 μm,并描述本种的花粉粒,以具有萌发沟而区别于眼子菜科其他的种。额尔特曼(1962)描述,直径为 28 μm,具明显的网,并未描述有萌发沟。王镜泉(1990)采用的扫描电镜观察,也未发现本种花粉粒具有萌发沟,并认为可能把制片过程产生的花粉壁凹陷错判为萌发沟。本种植物花粉形态是否有萌发沟尚需进一步研究。

本种为多年生沉水植物,生于湖泊、池沼、沟渠及河流浅水处,花期 6～8 月。广布世界各地,我国云南、贵州、湖南、湖北、河南、山东、河北、山西、陕西、宁夏、甘肃、青海、新疆、内蒙古、东北等地均有分布,滇池、洱海、泸沽湖均有较大面积的分布。云南省的阳宗海可生长达 4 m 以上,群落密集。青海省的鄂陵湖和扎陵湖的各湖湾内,在水深 1～3 m 的湖区普遍生长,株高 1～2 m,由于湖水透明度较高,在水深 6～7 m 的湖区仍有其分布。

18. 小眼子菜 *P. pusillus* L(图版 16:4-5)

花粉粒球形、近球形。大小为 24.2(20～25) μm×21.5(20～25) μm。无萌发孔。外壁厚 1 μm,层次模糊。网状纹饰。扫描电镜观察,外壁纹饰为网状,网眼中等,网脊不均匀,近光滑(王镜泉,1990)。简永兴(1991)描述其花粉粒大小为 20.3(17.0～23.5) μm×19.1(17.0～21.5) μm(简永兴等,1991)。额尔特曼(1962)描述其花粉粒的直径为 20 μm。

本种为多年生纤细沉水植物,喜生于水田、湖泊、池塘或沟池中,花果期 5～6 月。广布世界各地,独不见于大洋洲,我国各地多有之,如东北、内蒙古、河北、山西、陕西、甘肃、青海、河南、湖南、湖北、安徽、浙江、江西、江苏、云南、四川、台湾地区等均有分布。陈耀东(1987)在青海湖首次采到本种。朝鲜、日本也有。

张玉龙(1987)曾研究了海拔 3 300 m 青海湖眼子菜属 7 个特有种的花粉形态均为网状纹饰,但其网眼、网脊结构等有所差异。其中如红梗眼子菜(*Potamogeton miniatus* Y. D. Chen)花粉粒大,网脊粗,具刺状突起;扁茎眼子菜(*P. applanatus* Y. D. Chen)花粉粒小,网脊粗,网眼小;短眼子菜(*P. nanus* Y. D. Chen)花粉粒大,网脊平,具瘤状突起,网眼呈多角形;柔花眼子菜(*P. leptanthus* Y. D. Chen)花粉粒小,网眼细而平滑,网眼小等明显不同。上述几种均为沉水植物,主要分布于湖湾及河流入湖处,水深 0.5～1.5 m 或更深(陈耀东,1987)。

眼子菜属的花粉,其球形、近球形的形态,无孔沟的结构和网状的外壁纹饰,在属内有相对的一致性。体积和网眼的大小,网脊和脊柱的变化在种间有明显的差异,可用作种的鉴别特征。

花粉进化的另一趋势是外壁表面由全覆盖层发展到半覆盖层再到无覆盖层,水鳖科及眼子菜科植物花粉均无萌发孔,前者外壁表面为全覆盖层,后者为半覆盖层,眼子菜科植物花粉较水鳖科花粉进化。已有文献记载水鳖科少数类群如 *Straliotes* 花粉具单槽萌发孔,初步认为水鳖科花粉与茨藻科花粉在演化上较为接近或具密切的亲缘关系。

花粉形态特征表明,茨藻科是泽泻科、眼子菜科及水鳖科中最原始的类群,泽泻科是较进化的一科,眼子菜科较水鳖科进化,水鳖科与茨藻科在演化上较为接近。

眼子菜科植物花粉化石及植物组织的遗迹,渥德赫斯曾发现于第三纪沉积物中(坡克罗夫斯卡娅等,1956)。可靠的眼子菜属花粉化石曾出现西班牙、法国以及德国的西北部的中新世晚期(蔡述明等,1984)。在我国渤海沿岸地区及江汉盆地的古近纪的沉积中经常发现,有时数量甚多(石油化学工业部石油勘探开发规划研究院等,1978)*。在华北、西北以及青海高原第四纪的湖沼相沉积物中也发现过眼子菜属的花粉,为探讨平原及高原隆起的环境演变提供了重要参考。

十六、川蔓藻科 Ruppiaceae

川蔓藻属 *Ruppia* L.

川蔓藻 *R. maritima* L.(图版 16:6-7)

额尔特曼(1962)描述:*R. Maritima*(大洋洲;Port Friday)。花粉粒异极,左右对称,稍弯曲。具三个拟萌发孔薄壁区(薄区在凸极薄的末端)。最长轴约 70 μm。外层(在外壁没有变薄的部分)厚于内层。网状(网脊少

---

* 江汉石油管理局地质处化验室古生物组.1976.江汉盆地白垩-第三纪孢子花粉化石.江汉石油技术情报(内部资料).

棒)(额尔特曼,1962)。

川曼藻科的花粉粒是一种特殊的类型,而且显著有别于眼子菜科(狭义)的花粉。(早先把川曼藻属归入眼子菜科)(陈耀东,1987)

本种为纤弱、分枝的沉水植物。通常生于亚热带至温带海边和岛屿浅水中,热带海滨也有生长,或生有盐分的湖沼中。我国以江苏、浙江等省海边生长最多,常组成单种群落。香港、青岛也有分布(刁正俗考察组,3090)。陈耀东先生(1982)在青海湖首次采到,经鉴定与海边生长的类型同属一种,它和眼子菜属特有类群的出现,对于深入研究青海湖的物种,区系及其地理分布等具有重要意义。

十七、黑三稜科 Sparganiaceae

黑三稜属 *Sparganium* L.(化石图版 IV:7-11)

1. **线叶黑三稜 *S. angustifolium* Michx(图版 16:8-11)**

花粉粒近椭圆形。直径 26.5(23.5~28.7) μm。单孔,直径 2.6~3.5 μm,界线不清楚。外壁厚度 1.7 μm,内外层等厚。细网状纹饰,网眼较小,较整齐。扫描电镜观察,外壁纹饰为网状,网眼较小,较整齐,网脊稍隆起,上面无小突起(张玉龙等,1984)。

2. **曲轴黑三稜 *S. fallax* Graebn.(图版 17:1-3)**

花粉粒近椭圆形。直径 33.1(27.8~38.3) μm。单孔,孔直径为 2.6~3.5 μm,界线不清。外壁厚度 1.7 μm,内外层等厚。细网状纹饰,网眼较大,不规则。扫描电镜观察,外壁为网状纹饰,网眼较大,不规则,明显拉长,网脊隆起,上有少数突起(张玉龙等,1984)。

本种为多年生挺水植物。生于浅水湖泊或沼泽中。分布于贵州、浙江、福建和台湾，刁正俗等于 1985 年 8 月 11 日在四川省阿坝自治州红原县海拔 3 500 m 的湖湾中采到了标本，为新的分布省区；印度北部和缅甸及日本也有分布。

3. 短序黑三棱 *S. glomeratum* Laest. ex Beurl.（图版 17:4-6）

花粉粒近椭圆形。直径 27.7(24.4～31.2) μm。单孔，孔直径为 2.6～3.5 μm，界线不清楚。外壁厚度 1.7 μm，内外层等厚。细网状纹饰，网眼较大，较整齐。扫描电镜观察，外壁纹饰为网状，网眼较大，不规则，网脊隆起，上有极少数的小突起（张玉龙，1984）。

4. 矮黑三棱 *S. minimum* Wallr.（图版 17:7-10）

花粉粒球形或近椭圆形。直径 28.5(26.1～31.3) μm，坡克罗夫斯卡娅等(1965)描述的直径为 22～27 μm，常常是 24 μm（坡克罗夫斯卡娅等，1956)。单孔，孔直径为 2.6～3.5 μm，界线模糊。外壁厚度为 1.7 μm，内外层相等或外层较厚。细网状纹饰，网眼较大，较整齐。扫描电镜观察，外壁纹饰为网状，网眼较大，较整齐，网脊隆起，上有很多小突起（张玉龙，1984)。

本种为多年生湿生植物。生于湖边、沼泽、河边及水湿处。花期 5～6 月。分布于吉林、黑龙江；欧洲及北美也有分布。

5. 小黑三棱 *S. simplex* Huds（图版 17:11-13）

花粉粒近椭圆形。直径为 26.9(23.5～29.6) μm。单孔，孔直径为 2.6～3.5 μm，界线模糊。外壁厚度为 1.7 μm，内外层等厚。细网状纹饰，网眼较大，较整齐。扫描电镜观察，外壁为网状纹饰，网眼较大，较不规则，网脊较平坦，上有很少小突起（张玉龙，1984)。

本种为多年生湿生植物。生于沼泽的水草丛或其浅水区域中。花果期 6～8 月。分布于云南、内蒙古、吉林、黑龙江、新疆及河北；亚洲西部和北部及欧洲、北美洲也有分布。

6. 狭叶黑三稜 S. stenophyllum Maxim. ex Meinsh.

（图版 17:14-17）

花粉粒近椭圆形。直径为 23.8(21.8～27.0) μm，单孔，直径为 2.6～3.5 μm，界线较清楚。外壁厚度 1.7 μm，内外层等厚。细网状纹饰，网眼小，较整齐。扫描电镜观察，外壁纹饰为网状，网眼小，较整齐，网脊较平坦，上无小突起（张玉龙，1984）。

本种为多年生湿生植物。生于沼泽、溪边或湖泊浅水处。花果期 6～8 月。分布于河北、吉林、黑龙江；朝鲜、俄罗斯西伯利亚地区、日本也有分布。

7. 黑三稜 S. stoloniferum(Graebn.)Buch.—Ham.（图版 18:1-4）

花粉粒近椭圆形。直径为 31.7(28.7～34.8) μm，单孔，孔直径为 1.7～3.5 μm，界线较清楚。外壁厚度 1.7～2.6 μm，内外层相等或内层较厚。细网状纹饰，网眼较大，较整齐。扫描电镜观察，外壁纹饰为网状，网眼较大，大小不等，网脊较隆起，上有少数小突起（张玉龙，1984）。

本种为多年生挺水植物。生于河岸浅水处、沼泽和水塘中。花果期 6～8 月。分布于东北、西北、华北、华东等地；亚洲西部至日本也广布。

8. 云南黑三稜 S. yunnanense Y. D. Chen（图版 18:5-7）

花粉粒近椭圆形。直径 29.8(26.1～33.1) μm。单孔，孔直径为 1.7～3.5 μm，界线模糊。外壁厚度 1.7～2.6 μm，外层厚于内层。细网状纹饰，网眼较大，不规则。扫描电镜观察，网状纹饰，网眼较大，不规则，拉长，网脊突起，上有少数小突起（张玉龙，1984）。

从花粉形态看，黑三稜科与露兜树科(Pandanaceae)有一定的亲缘关系，但不如与香蒲科(Typhaceae)亲缘关系密切。黑三稜属(Sparganium L.)与露兜树属(Pandanus L. f.)的花粉形态，是有共同之处，它们的萌发孔类型都为远极单孔，形状为近球形或球形；不同之处是它们的纹饰不同，黑三稜属为细网状纹饰，而露兜树属为短刺状纹饰。如小露兜(P. gressittii Stone)。

黑三棱属花粉和香蒲属（*Typha* L.）花粉不易区别，它们的萌发孔类型都为远极单孔，都具细网状纹饰；但在扫描电镜下，它们的细网状纹饰仍可区别，香蒲属花粉的网脊比黑三棱属花粉的网脊更粗更隆起（如 *Typha angustata*）。另外香蒲属有些种类的网脊常中断，形成皱波状（如 *T. angustifolia*），从网眼看，黑三棱属花粉网眼比较小而稍不规则，而香蒲属网眼则较大而不规则；另外黑三棱属有些种类在网脊上具小突起，而香蒲属则没有。从植物外部形态和内部结构以及花粉资料看，这两属亲缘关系很密切，意可将黑三棱属置于香蒲科中；另外香蒲属的花粉出现了四合花粉（如 *T. orientalis*），它比黑三棱属的单花粉更进化，因而香蒲属可能从黑三棱属演化而来（张玉龙，1984；Punt W，1975；额尔特曼，1962）。

关于黑三棱属的化石花粉，虽有报道在白垩纪已有所发现（如北美和俄罗斯），但真正较普遍发现还是在第三纪，如我国辽宁盘山的东营组、新疆的准葛尔盆地、山东临朐地区、江汉盆地、江苏北部以及云南中部等，在第四纪地层中更是经常发现（张玉龙，1984）。

十八、蒟蒻薯科 Taccaceae

蒟蒻薯属 *Tacca* J. R. et G. Forst.

裂果薯 *T. plantaginea*（Hance）Drenth（图版 18：8-9）

花粉粒极面观为两端变尖的长椭圆形，赤道面观近舟形。大小为 65.0（57.2～93.6）μm×31.2（26.0～47.4）μm。具单槽，槽细长，边缘不平，具槽膜，上有颗粒。外壁厚度约 1 μm。表面具微弱条纹状纹饰。花粉轮廓线不平，稍呈波浪形（中国科学院植物研究所古植物研究室孢粉组等，1982）。

本种为湿生植物。生于水边湿润地方。分布于贵州、云南、广西、广东北部、湖南、江西;越南、老挝也有分布。

十九、香蒲科 Typhaceae

香蒲属 *Typha* L.

1. 长苞香蒲 *T. angustata* L.（图版 18:10-12）

花粉单粒,球形、近球形,极面观圆形或近圆形。大小为 27.6(25～30) μm×25.6(23～30) μm。具单孔,通常有孔盖。外壁厚 2～3 μm,内层略厚于外层。纹饰为细网状或颗粒状。扫描电镜观察可见萌发孔的孔缘不下陷或稍有下陷,通常都有孔盖封闭,外壁轮廓微波状,纹饰为网状—孔穴状,网脊等于或宽于网眼,表面光滑,无颗粒状物。王镜泉先生(1984)。张玉龙等(1984)曾采用扫描电镜观察本种的花粉形态,外壁纹饰为网状,网眼较大,明显不规则网脊显著隆起,有整齐皱褶,上无小突起。

本种花粉在形状、大小及在光镜下所看到的纹饰均与东方香蒲近似,唯在扫描电镜下二种的纹饰明显有别,本种为网状—孔穴状,而东方香蒲为细网—脑纹状;另外本种网脊等于或宽于网眼,表面光滑无颗粒状物也不同于东方香蒲(王镜泉,1984)。

本种为多年生水生植物。生于水旁及池沼中。花期 6～7 月。分布于东北、华北、华东各区及河南、四川、陕西、甘肃、新疆等省区;北半球温带地区也有分布。

2. 狭叶香蒲(水烛)*T. angustifolia* L.（图版 18:13-15）

狭叶香蒲又称窄叶香蒲或水烛。花粉单粒,近球形、卵形或钝三角形,极面观圆形或近圆形。大小为 35.75(32～40) μm×31.4(28～35) μm。

具单孔,孔近圆形,直径 3～4 μm,孔盖有或无。外壁厚 2～2.5 μm,内层稍厚于外层,网状纹饰,当镜筒上下移动时,可见单柱棒的颗粒状明暗投影。扫描电镜观察可见孔盖上有颗粒状突起,外壁轮廓微波状。纹饰为网状,网眼较大,不规则,网脊窄细,光滑,在放大的网眼内可见到网脊下的单柱棒(王镜泉,1984)。

本种花粉的形状、大小近于大卫香蒲(细叶香蒲、达香蒲、蒙古香蒲)和拉氏香蒲,但大卫香蒲似脑纹状的纹饰不同于本种的网状;本种与拉氏香蒲的纹饰虽均为网状,但本种的网眼大,网脊细,网眼周壁无颗粒状物,且萌发孔无边缘外翻者,可与之区别(王镜泉,1984)。中科院植物所形态室孢粉组、华南植物所形态室及宋之琛等曾对本种植物花粉形态进行过研究和描述(中国科学院植物研究所古植物研究室孢粉组等,1982;宋之琛等,1965;中国科学院植物研究所形态室孢粉组,1960)。

本种为多年生沼泽植物,株高 1.5～3.0 m。生于湖边、池沼、河岸和其他浅水中。花果期 6～8 月。分布于东北、华东各区及河南、湖北、四川、云南、陕西、甘肃、青海、新疆等省区,泸沽湖、草海、鄱阳湖、洞庭湖、洪湖、保安湖及牛山湖等均有较大面积的分布;欧洲、北美、大洋洲及亚洲北部也有分布。

3. 大卫香蒲 *T. davidiana* (Kronf.) Hand.-Mazz.（图版 19:1-3）

大卫香蒲有称细叶香蒲、达香蒲或蒙古香蒲。花粉单粒,球形、卵形、钝三角形或不规则。大小差别较大,通常为 33.5(30～45) μm×32.5(25～35) μm。《中国热带亚热带被子植物花粉形态》书中描述的直径为 35.7(32.3～37.4) μm(中国科学院植物研究所古植物研究室孢粉组等,1982)。具单孔(远极),稀有双孔者,孔较大,近圆形或卵形,直径为 4～5 μm,通常无孔盖。外壁厚约 3 μm,内层稍厚于外层或二层相等。纹饰为拟网状或颗粒状,当镜筒上下移动时可见单或双柱棒的颗粒状明暗投影。扫描电镜观察可见有的萌发孔具孔盖,常突出,呈半脱落状;外壁轮廓微波状,纹饰似脑纹状,纹沟通常窄而弯曲,有时也呈小穴状,纹脊宽而不平,其上有颗粒状物(王镜泉,1984)。

本种花粉形状、大小近于拉氏香蒲和狭叶香蒲,但其纹饰与它们明显不同,易于区别(王镜泉,1984)。

本种为多年生湿生植物。生于沼泽地及水边。花期6~8月。分布于东北地区及内蒙古、河北、山东、甘肃等省区;朝鲜、蒙古也有分布。

4. 宽叶香蒲 *T. latifolia* L.(图版 19:4-7)

花粉通常为正四合体,稀有十字形和 T 形四合体。正四合体大小为 43.18(38.0~47.5) μm×40.85(35.0~47.0) μm。联生的每一个单花粉粒球形或近球形。具单孔(远极),孔近圆形,直径为 2.0~2.5 μm。四个联生的单粒外面围有共同的壁,在远极面处形成二层壁,而近极面处为一层。外壁厚 3~4 μm,外层略厚于内层。细网状纹饰。扫描电镜观察可见萌发孔通常有孔盖,孔盖上有明显的颗粒状突起。外壁轮廓微波状,纹饰清晰,细网状,网眼较小,不规则;网脊通常与网眼宽度相等或稍宽,其上常有微粒(王镜泉,1984)。

本种花粉与小香蒲的近似,皆为四合体形,唯本种的四合体通常较小香蒲的为小,且纹饰为清晰的细网状(王镜泉,1984)。坡克罗夫斯卡娅等(1956)及中科院植物所古植物室孢粉组、华南植物所形态室(1982)均对本种的花粉形态进行过研究和描述。

本种为多年生湿生植物。生于湖泊、池塘的浅水处或沼泽中。花期 5~8月。我国东北、西北、华北、华东、华中和西南各区均有分布;北半球温带地区也有分布。

5. 拉氏香蒲 *T. laxmanii* Lepech(图版 19:8-10)

花粉单粒,球形、卵形、近长球形或钝三角形。大小为 35.2(30~40) μm×32.05(25~35) μm。具单孔,孔较大,直径为 4~5 μm。外壁厚约 3 μm,内层稍厚于外层。网状纹饰。当镜筒上下移动时可见单柱棒的明暗投影。扫描电镜观察,可见萌发孔的边缘下凹或外翻,没有见到孔盖,外壁轮廓微波状,纹饰网状,网眼小,不规则,周壁有小颗粒状物;网脊较细,表面不平滑(王镜泉,1984)。

本种花粉形状、大小虽然与细叶香蒲(达香蒲、大卫香蒲)和狭叶香蒲(窄叶香蒲、水烛)相似,但在纹饰上可与细叶香蒲区别;本种与狭叶香蒲的纹饰同系网状,但本种网眼小,网脊宽,网眼周壁有小颗粒状物,且萌发孔的边缘有外翻者,可与之区别(王镜泉,1984)。

分布于甘肃、青海、新疆等省区。

6. 小香蒲 *T. minima* Funk(图版 19:11-13)

花粉通常为正四合体,稀为十字形或 T 形四合体。正四合体大小为 $47.5(45\sim51)$ μm×$46.1(40\sim50)$ μm。联生的每一个单花粉粒球形、近球形。且单孔,孔近圆形,直径 3 μm。四个联生的单粒外面围有共同的壁,在远极面处形成二层壁,而近极面处为一层;外壁厚 $2\sim3$ μm,内层略厚于外层。颗粒状或模糊的细网状纹饰。扫描电镜观察,可见萌发孔的孔盖有或无,外壁轮廓微波状;纹饰为网穴状,网眼小,不规则,明显或不明显,常呈小穴状;网脊通常较网眼宽,其上有颗粒状突起(王镜泉,1984)。

宋之琛等(1965)曾对本种花粉形态进行过研究和描述,其四合体的直径为 $44.7\sim63.1$ μm,平均 51.4 μm。

本种花粉与宽叶香蒲的近似,皆为四合体形,唯本种的四合体通常较宽叶香蒲的为大,且纹饰在光学镜下为颗粒状或模糊的细网状,扫描电镜下为网穴状;另外网脊通常较网眼宽,外壁内层略厚于外层也不同于宽叶香蒲(王镜泉,1984)。

本种为多年生沼生植物。生于河滩及低湿地或路边水沟旁,能耐盐碱。花果期 $5\sim7$ 月。分布于东北、西北、西南各区及山西、河南、河北等省;欧洲、亚洲北部也有分布。

7. 东方香蒲 *T. orientalis* Presl(图版 19:14;20:1-4)

花粉单粒,球形、钝三角形或近长球形,极面观圆形或近圆形,大小为 $28.43(25\sim32)$ μm×$25.25(22.5\sim30.0)$ μm。具单孔,孔近圆形,直径为 $2\sim3$ μm。外壁厚 $2.0\sim2.5$ μm,外层略厚于内层。纹饰为细网状或颗粒状。

扫描电镜观察,可见萌发孔的孔盖有或无,有时孔盖下陷,不突出。外壁轮廓微波状,纹饰为细网—脑纹状,网眼小,不规则;网脊宽于网眼,网脊上有微粒(王镜泉,1984)。

中科院植物所形态室孢粉组(1960);中科院植物所古植物室孢粉组、华南植物所形态室(1982);张玉龙等(1984)均对本种花粉形态进行过研究和描述。

本种花粉与长苞香蒲的近似,皆为单粒,且形状、大小也相近,纹饰在光学镜下皆为细网—颗粒状;但在扫描电镜下为细网—脑纹状,而长苞香蒲为网状—孔穴状,且网眼比本种为小(王镜泉,1984)。

本种为多年生沼生植物。生于水边、水塘或沼泽中。花果期 5～8 月。分布于东北、华北、华东各区及广东、湖南、云南、四川、陕西、甘肃及贵州(刁正俗,1990)等省;俄罗斯、日本、菲律宾也有分布。

香蒲属的花粉可分为二类,一类为四合花粉,这一类是由四个联生的单粒花粉外面包有一层共同的壁所形成,属此类者有宽叶香蒲和小香蒲等,通常为正四合体形,稀为十字形或 T 形四合体(十字形或 T 形四合体的形成是由于在孢母细胞进行减数分裂的第二次分裂中,即由二分体变为四分体时,二分体中的一个分体在分裂时和另一个分体分裂时,采取的分裂方向不同所致。从以往的细胞学观察中得知:远源杂交种,在花粉形成中,多出现正四合体,宽叶香蒲和小香蒲是否也是远缘杂种,还需进一步研究)。十字形四合体花粉见茅膏菜科的锦地罗花粉(*Drosera burmanni* Vahl.);另一类为单粒花粉,从上面观察的几个种类中,多数属这一类,其形状球形、近球形、卵形、钝三角形或近长球形。具单孔。但花粉粒的大小、外壁的厚度、结构层次的厚薄、萌发孔的大小、孔缘及孔盖、纹饰的形状均有差别,易于区分(王镜泉,1984)。

香蒲属花粉化石发现于第三纪(波多利亚),在第四纪沉积物中常可迁见(坡克罗夫斯卡娅等,1956)。

二十、角果藻科 Zannichelliaceae

角果藻属 *Zannichellia* L.

角果藻 *Z. palustris* L.（图版 20：5-6）

花粉粒球形。花粉大小为 24.15(21～27) μm×23.10(20～26) μm。无萌发孔。外壁厚约 1 μm，层次不清。外壁纹饰在光学显微镜下为拟网状。扫描电镜观察，外壁纹饰为浅网状，网眼浅，大，不规则，大小为 0.9～2.4 μm。网脊极细，不均匀，无基柱或基柱不明显；外壁薄，用醋酸酐处理常被破坏（王镜泉，1990）。

额尔特曼（王伏雄等译，1962）描述：（瑞典 1938）。花粉粒无萌发孔，土圆球形（用 NaOH 处理后约 25 μm）；外壁薄，具模糊的明暗—图案（具不发达的刺?）。简永兴先生等(1991)描述花粉粒圆球形，大小约为 24.8(21.5～27.0) μm×24.0(19.5～26.5) μm。无萌发孔。外壁厚度为 0.85 μm，两层，内外层等厚。外壁纹饰为近网状，不典型，并不曾发现有什么"不发达的刺!"。汪劲武(1984)等，均对本种植物花粉形态进行过研究及描述。

从角果藻花粉的形态、大小和无孔沟的结构来看，无疑和眼子菜属有着较近的亲缘关系，但是从它的浅网状纹饰、不整齐的网脊和网脊下无脊柱的结构来看，他和眼子菜属又有着较大的区别；而且，其花粉外壁薄（经不起较强的酸碱腐蚀），把它从眼子菜科中分出另立新科—角果藻科，从花粉资料来看是合适的。同时，由 Melchior 主持修订的 Engler 分类系统(1964)中也已列入了角果藻科（王镜泉，1990）。

本种为细弱的一年生沉水植物。通常生于淡水池或水田中，也生于海滨及内陆咸水中。常和虾藻（*Potamogeton crispus* L.），长苞普生轮藻（*Chara vulgaris* (L.) var. *longibracteata* Kuetzing）混生一处。花果期 6～9

月。我国大部分省区皆有分布,陈耀东(1982)在青海湖内陆咸水中首次采到本种;各大洲均有生长。

第三节　双子叶植物花粉形态分科描述

一、爵床科 Acanthaceae

水蓑衣属 *Hygrophila* R. Br.

水蓑衣 *H. salicifolia*(Vahl.)Nees(图版 20:7-9)

花粉粒扁球形,少数近球形,极面观为多裂圆形。大小为 46(34～48) μm×34(34～48) μm。4 孔沟与 12～16 假沟相间排列,沟间区具 3～4 条假沟;孔圆形,直径约 6～7 μm。外壁厚约 4 μm,外层厚于内层。表面具网状纹饰(中国科学院植物研究所古植物研究室孢粉组等,1982)。

本种为一年生或二年生直立湿生植物。生于溪旁或沼泽地区。分布于我国西南部至东部;亚洲东南部等热带和亚热带沼泽地区也有分布。

二、苋科 Amaranthaceae

莲子草属 *Alternanthera* Forsk.

1. 锦绣苋 *A. bettzickiana*(Regel)Nichols.(图版 20:10-11)

本种花粉粒类圆形,多面球体。大小 10.9(10～12.6) μm。散孔(12

个),孔圆形,较规则,孔底微凹陷,孔大小为 3.6(2.6~4.5) μm,孔膜纹饰具稀疏粗颗粒。外壁纹饰具 1~2 行刺,密集刺较粗大,刺末端尖或钝。

本种为湿生植物。喜生于湖沼、水塘边。主要分布于长江以南各省区(李西林等,1993)。

2. 狭叶莲子草 *A. nodiflora* R. Br.(图版 21:1-2)

花粉粒多面球体形。大小为 12.6(11.6~13.2) μm。散孔(12 个),孔圆形,规则,孔底平坦,孔直径为 4.47~4.87~6.05 μm,孔膜具较密颗粒,均匀分布。外壁纹饰为单行刺,稀疏,刺末端尖锐(李西林等,1993)。

3. 空心莲子草 *A. philoxeroides*(Mart.)Griseb(图版 21:3-4)

花粉粒类圆形或近球形。大小为 14(11~20) μm,散孔(20、24 个),孔圆形或不规则形,孔底微凹陷,直径为 3.9(2.6~4.5) μm,孔膜纹饰呈颗粒状,自孔中央向四周放射状排列。外壁纹饰为 1~3 行小刺,密集,刺末端尖(李西林等,1993)。

本种为一年至多年生湿生或挺水植物。喜生于池沼、水塘、水田、水沟或水湿之路边,常成块生长。花果期 5~10 月。本种原产于巴西,抗战期间,由日本人(1940)引种在上海,后逸为野生,现北京、江苏、浙江、江西、湖南、湖北、福建、广东、云南、贵州、四川都有分布。

4. 莲子草 *A. sessilis*(L.)D C.(图版 21:5-6;22:1-2)

花粉粒圆形,多面球体形。大小为 14.4(13.6~15.7) μm。散孔(12 个),孔圆形,孔底微凹陷,孔直径为 4.5~5.0~5.26 μm,孔膜纹饰具赘物,自孔中央向四周放射状排列。外壁纹饰为单行刺,稀疏,刺末端钝(李西林等,1993)。

本种为一年至多年湿生植物。生于沼地和湿地,水田、池塘和沟渠等地之边缘甚多;海边潮沙上、村庄附近的湿地也有生长。花果期 5~10 月。分布于我国西南、华南、华中及华东等片区;印度、缅甸、越南、马来西亚、菲律宾等地也有分布。

　　上述的 4 种植物亲缘关系较接近,表现在花粉形态上具有共同特征:花粉粒呈圆球形或多面球体形。散孔花粉形。萌发孔数目大多为 12,多为圆形,孔底多呈凹陷状,孔膜纹饰多呈颗粒状,网脊状肋上具小刺,小刺疏密不等,刺末端尖或钝。

　　不同种植物花粉形态存在一些差异:空心莲子草与另外三种间的界限较明显,该种花粉体积较大,最大值达 20 μm,明显大于另外三种;其萌发孔的数目为不定型,有 12,20,24 共三种;萌发孔的形状除圆形外,还有长圆形、方形、不定形等其他形状,且孔大小不一;萌发孔膜呈颗粒状,网脊状肋上具 1~3 行小刺,排列密集,刺末端尖锐。莲子草、锦绣苋、狭叶莲子草的花粉形态极为相似,在电镜下观察狭叶莲子草花粉萌发孔底平坦,孔膜上具较密集的颗粒状物,均匀分布,网脊状肋上单行排列稀疏小刺,刺末端尖锐;莲子草花粉萌发孔具有赘物,自孔中央向四周呈放射状排列,网脊状肋上具单行刺,排列疏松,刺末端钝;锦绣苋花粉萌发孔具稀疏粗颗粒,网脊状肋上具 1~2 行小刺,刺较粗大,排列密集,刺末端尖或钝。这些形态特征上的差异,可作为植物区分种及药材品种鉴别的重要依据。同时,李西林先生等还观察比较了产自海南、福建和湖北三省的莲子草花粉;并观察比较了生长于较潮湿环境中和生长于较干燥环境中的空心莲子草花粉,两者的花粉形态特征无明显差异,从而进一步证实,花粉的保守性比较强,特征稳定,受地域、环境等条件的影响小。

三、水马齿科 Callitrichaceae

水马齿属 *Callitriche* L.

水马齿 *C. stagnalis* Scop.(图版 22:3-6)

　　花粉粒近球形,体积较小,直径为 20.8(18.2~23.4) μm。萌发孔不明显,具多少不规则的薄壁区。外壁较薄,厚度约 1 μm,内外层厚度几相等,具基柱。表面具颗粒—细网状纹饰(中国科学院植物研究所古植物研究室孢粉组等,1982)。

额尔特曼(王伏雄等译,1962)描述:花粉粒圆球形(17 μm)。无萌发孔(或者具小的,+不规则的薄区或裂缝)。外层厚于内层。明暗图案(有的花粉粒具模糊基柱网)。

本种为一年生水生植物。生长在急流或缓流水沟中及池沼、水田中。分布于江苏、安徽、浙江、福建、云南、四川及台湾;世界各地均有分布。

四、金鱼藻科 Ceratophyllaceae

金鱼藻属 *Ceratophyllum* L.

五刺金鱼藻 *C. demersum* L.

额尔特曼(王伏雄等译,1962)描述:花粉粒圆球形(直径约 35～45 μm,花粉用稀 NaOH 处理)。无萌发孔或可能是远极具有薄壁区。外壁很薄,光滑或几乎如此;层次不清。

本种为多年生沉水植物。喜生富含有机质的湖泊、池塘、河沟或藕田、菱田、水稻田中。花果期 6～10 月。为世界广布种,我国南北各地甚普遍,滇池、洱海、抚仙湖、泸沽湖、鄱阳湖、洞庭湖、洪泽湖、南四湖及湖北的洪湖、长湖、西凉湖、保安湖、牛山湖,江西的赤湖、杭州的西湖等均有不同数量的分布;俄罗斯、日本也有分布。

五、菊科 Compositae

（一）鬼针草属 *Bidens* L.

小花鬼针草 *B. parviflora* Willd（图版 22:7）

　　花粉粒圆球形，极面轮廓圆形。直径 23.3~29.1 μm，平均 26.8 μm。具 3 孔沟。外壁具长 5~6 μm 的圆锥状刺，刺间距约 5 μm（宋之琛等，1965）。

　　本种为一年生湿生植物。生于水沟边、林下及路边湿地。分布于陕西、甘肃、河南、山东及西南、华北、华中及东北等地；日本、朝鲜及俄罗斯西伯利亚地区也有分布。

（二）石胡荽属 *Centipeda* Lour

石胡荽 *C. minima*（Lees.）A. B. et Ascher（图版 22:8-9）

　　花粉粒球形，直径 25(19.4~28.0) μm。具 3 孔沟。表面具刺，刺尖，长约 2 μm；每裂片上具 6~7 刺（中国科学院植物研究所形态室孢粉组，1960）。

　　本种为一年生湿生植物。喜生于村落、路旁或其附近的湿地。刁正俗曾见一沼泽性水田中，几满布土面，成为群落的优势种。除西北和西藏外，广布我国各地。

（三）鳢肠属 *Eclipta* L.

鳢肠 *E. prostrata* L. —*E. alba* Hassk

　　花粉粒球形，直径 22.5(20~25) μm（不包括刺长）。具 3 孔沟，内孔横长。外壁层次不清。表面具刺,刺尖,长约 5 μm。每一裂片上通常具 4 刺。中科院植物所形态室孢粉组(1960)曾对本种的花粉形态进行过研究及描述。

本种为一年生湿生植物。喜生于浅水、湿地或池沼旁。花果期 6~9 月。广布于我国各地及世界热带、亚热带地区。

本种的花粉标本采自武汉东湖水边。

菊科花粉化石出现于第三纪,第四纪沉积物中很常见。

六、十字花科 Cruciferae

(一) 碎米芥属 *Cardamine* L.

水田碎米芥 *C. lyrate* Bunge(图版 22:10-11)

花粉粒近球形。极面观为近圆形,沟区略凹陷。大小为 27.5(22.5~30.0) μm × 25.0(22.0~29.5) μm。具 3 沟,少数 4 沟,沟浅长达两极。外壁厚约 2 μm,外层略厚于内层。基柱明显,接近沟时基柱变短,造成花粉粒轮廓线呈细波浪形。细网状纹饰。扫描电镜观察,花粉粒近球形。大小为 27.5 μm × 25.0 μm。3 沟,沟浅长达两极。网状纹饰(官子和等,1992)。

本种为多年生湿生植物。主要生于湖岸边或沟渠旁。花果期 3~9 月。我国中南、华东、华北、东北等区均有分布;朝鲜、日本、俄罗斯西伯利亚地区也有分布。

(二) 豆瓣菜属 *Nasturtium* L.

豆瓣菜 *N. officinale* R. Br.

花粉粒接近球形。极面轮廓略呈圆形,沟区略凹陷;侧面轮廓亦近圆形。大小为 23.9(20.8～25.6) μm×21.1(16.8～22.4) μm。具 3 浅沟。外壁厚1.5 μm，分两层，外层略厚于内层，颗粒状纹饰(宋之琛等，1965)。

本种为 1 至多年生湿生植物。生于水中时上部茎叶可浮水。喜生于冷清水、池沼旁、水田边，有时满布水田中，亦可栽培作蔬菜吃。原产欧洲或亚洲北部。引入逸为野生。花果期 3～8 月。我国西南、华北、陕西、河南、湖北、江苏等地均有野生；亚洲、欧洲、非洲、美洲均有分布，北美有栽培。

十字花科花粉化石在第三、第四纪沉积物中十分常见。

七、葫芦科 Cucurbitaceae

合子草属 *Actinostemma* Griff

合子草 A. *cohatum*(Maxim.)Maxim.（图版 22:12-15）

花粉粒长球形，极面观为 3 裂圆形。大小为 33.8(31.2～36.4) μm×26.0(23.4～27.3) μm。具 3 孔沟，孔圆形或椭圆形，边缘加厚，沟宽，长达两端轮廓线，沟膜上具密集颗粒。外壁厚度约 2 μm，外层厚于内层。外壁表面具不明显的条纹(中国科学院植物研究所古植物研究室孢粉组等，1982)。

一年生湿生植物，茎攀援状。生水边草丛中。我国南北各地普遍分布；朝鲜、日本、俄罗斯也有分布。

根据花粉体积的大小和外壁纹饰等特征，本科可分为以下三个类型：

(1) 花粉体积大，具粗网状纹饰，如冬瓜属(*Benincasa*)等。

(2) 花粉体积较大，具细网状纹饰，如裂瓜属(*Schizopepon*)等。

(3) 花粉体积较小，具颗粒状、不明显条纹状或表面光滑。如合子草属(*Actinostemma*)等(中国科学院植物研究所古植物研究室孢粉组等，1982)。

八、茅膏菜科 Droseraceae

茅膏菜属 *Drosera* Linn

1. 锦地罗 *D. burmanni* Vahl.（图版 23：1-3）

4 合花粉，4 面体形与十字形两种排列。大小为 47(38～50) μm。每粒花粉在结合面的边缘具 12～16 个圆形的萌发孔。外壁厚 3～4 μm，外层厚于内层。表面具小刺纹饰。关于 4 合体花粉的形成，参见香蒲科(Typhaceae)。

湿生植物，叶基生铺地如金钱。生于低湿的草地上。广布于非洲，亚洲及大洋洲的热带及亚热带地区。我国分布于东部至南部(中国科学院植物研究所古植物研究室孢粉组等，1982)。

2. 茅膏菜 *D. peltata* Sm.（图版 22：16-17）

花粉粒为四分体，直径 44.7～57.9 μm，平均约 49 μm。无孔无沟，四个细胞在近极相连。外壁在近极为一层，常有褶皱；在远极为两层，外层略厚于内层，表面具刺状纹饰(宋之琛等，1965)。

多年生湿生植物。生于林地、旷野潮湿处。广布于热带及温带地区，我国分布于西南部经东部至东北部。

九、沟繁缕科 Elatinaceae

田繁缕属 *Bergia* L.

田繁缕 *B. ammannioides* Roxb.（图版 23：4-6）

花粉粒长球形，极面观为近 3 裂圆形。大小为 20.9(17.4～22.6) μm×

18.3(16.5~21.8) μm。3 孔沟，沟狭长，内孔大，在沟处内孔向内缢缩，而两侧呈放射状，无明显界限。外壁厚度约 1.5 μm，内外层厚度几相等。具模糊颗粒—细网状纹饰（中国科学院植物研究所古植物研究室孢粉组等，1982）。

本种为一年生湿生植物。生溪边草地或水田边。分布于云南、广西、广东、湖南及台湾；亚洲热带其他地区、非洲、大洋洲也有分布。

十、大戟科 Euphorbiaceae

铁苋菜属 *Acalypha* Linn.

铁苋菜 A. *australis* Linn.（图版 23:7-10）

花粉粒近球形，极面观为钝圆三角形，角孔型。大小为 12（10~14）μm×10（9~13）μm。具 3 孔，少数 4 孔，孔圆形。外壁厚 1~1.5 μm，外层稍厚于内层，孔周围的外壁加厚。表面具模糊的网状纹饰（中国科学院植物研究所古植物研究室孢粉组等，1982）。

本种为一年生湿生植物。生于水田及旷野坡地潮湿处。分布于我国西南部至东南部各省区；日本、朝鲜、越南及菲律宾亦有分布。

本科花粉形态是多类型的，按萌发孔的形状、数目及位置来分，有下列六种类型：铁苋菜属为 3 孔型；其他有无萌发孔型；3 沟型；3、4、5 孔沟型；多孔沟型（7~12 孔沟）及散孔型（中国科学院植物研究所古植物研究室孢粉组等，1982）。

本科从渐新统开始。在奥内冈州和中国渐新统中曾发现热带的 *Mallotus* 属的植物遗迹。这一科的花粉在化石状态很少迁见（坡克罗夫斯卡娅等，1956）。

十一、龙胆科 Gentianaceae

荇菜属（莕菜属）*Nymphoides* Seguier.

荇菜（莕菜）*N. peltatum*(Gmel.)O. Kuntze（图版 23:11-18）

花粉粒扁球形，极面观为三角形，角端圆；赤道面观为超扁球形。大小为 37.0(25.0～40.0) μm×23.0(20.0～38.8) μm。具 3(孔)沟，沟在极区相连为付合沟，极区成一三角形。外壁厚约 1.5 μm，外层略厚于内层。具不规则的细条纹状纹饰。扫描电镜观察，极面轮廓三角形，角端圆，大小为 35.8 μm×44.2 μm。3 沟，为付合沟型。表面为明显的不规则的长短不一的细条纹状纹饰（官子和等，1992）。中科院植物所形态室孢粉组(1960)曾对本种花粉形态进行过研究和描述。

本种为多年生浮水植物。生长于湖泊、池塘或不甚流动的河溪中。花果期 5～10 月。广布于我国南北各省区，镜泊湖、达赉湖、滇池、洱海、鄱阳湖、洞庭湖、太湖、南四湖、江西的赤湖及湖北的洪湖、长湖、保安湖、牛山湖等均有分布；朝鲜、日本、俄罗斯也有分布。

十二、小二仙草科 Haloragidaceae

狐尾藻属 *Myriophyllum* L.（化石图版 Ⅴ:1）

1. 穗花狐尾藻（聚草）*M. spicatum* L.（图版 24:2-3）

花粉粒扁球形。极面轮廓呈 4～5 角形。大小为 22.5(27.5～32.5) μm。

多数 4 孔,也有 5 孔。孔排列在赤道上,并突出于花粉柱轮廓之外,孔圆形,直径约 2 μm,周围外壁加厚具盾状区。外壁厚约 2 μm,内外层等厚。细颗粒纹饰。与已发表的轮叶狐尾藻(*M. verticillatum* L.)相类似。扫描电镜观察,花粉粒扁球形。大小为 19.0(22.0~24.0)μm。4 孔。孔圆形,具孔盖(有时脱落)和孔缘,周围外壁加厚具盾状区,并突出于轮廓线之外。具颗粒或微刺状及较大波浪褶皱纹饰(官子和等,1992)。

本种为多年生沉水植物。生长于湖泊、池塘、河沟等水体中。花果期 4~10 月。广布于我国南北各省区,鄱阳湖、洞庭湖、太湖、南四湖、洪湖、西凉湖、保安湖、牛山湖、赤湖及杭州的西湖等均有分布。本种在洪湖主要生于水深 1.6~2.4 m 的淤泥层中。常与微齿眼子菜生长在一起,伴生种还有黑藻、金鱼藻、马来眼子菜、大茨藻、苦草、轮藻和菱等。欧亚和北美也有分布。

本种植物花粉采自湖北洪湖水深 2 m 的淤泥层中。

2. 轮叶狐尾藻 *M. verticillatum* L.(图版 23:19-20;24:1)

花粉粒扁球形。极面轮廓常呈三至五角形,一般为四角形。直径 26.4~38.4 μm,平均 32.8 μm。一般见四孔,也有 3~5 孔者,孔多排列在赤道面。由于孔处内表面膨胀而把外层推高,故孔略突出于花粉粒的轮廓之外。外壁厚约 2 μm,外层和内层等厚,在孔区内层厚些。其表面平滑,高倍镜下显细网状或颗粒状纹饰(宋之琛等,1965)。

本种为多年生沉水植物。生长于湖泊、池塘、水田间的大贮水沟或河川中。为世界广布种;我国南北各地均有,镜泊湖、滇池、洱海、抚仙湖、泸沽湖、洪泽湖、洪湖、长湖等均有分布。

本属花粉化石曾记载在巴黎盆地的古新世晚期,美国东南部的晚始新世和奥地利的渐新世以及匈牙利的中新世早期。我国发现在江汉盆地古近系潜江组;北京周口店上新世,晚更新世;白洋淀更新世;藏北高原上新世;藏南吉隆盆地上新世;以及西北兰和盆地、桑干河盆地晚新生代。狐尾藻属植物的存在,说明该地区存在着淡水水域环境,因而它是恢复古环境的重要指相化石。

十三、杉叶藻科 Hippuridaceae

杉叶藻属 *Hippuris* L.

杉叶藻 *H. vulgaris* L.

杉叶藻：花粉粒近扁球形，直径长径 28 μm，短径 23 μm。具 4～6 拟沟（具沟—具拟孔沟？平萌发孔）。外层薄，具有模糊而细致的明暗图案。内层在极部分加厚，特别是联结沟界极区的沟间带。极面轮廓具棱角，主要是由于有这些加厚的带（额尔特曼，1962）。

本种有挺水与沉水两种类型。生长于沼泽或河边的浅水处。分布于我国西南、西北、华北北部和东北等地区，黑龙江省镜泊湖有分布；亚洲其他地区、大洋洲广布。

十四、菱科 Hydrocaryaceae Trapaceae

菱属 *Trapa* L.（化石图版 V:2-3）

菱 *T. natans* Roxb. 菱角（湖北）（图版 24:4-6）

花粉粒极面观为三角形，角钝；赤道面观为扁圆形或近菱形。大小为 60.5(45.0～68.5) μm×52.5(42.5～60.5) μm。具三沟（赤道面观）。沟分别被 3 条很明显的细网状条纹带所覆盖，条纹带在极上相遇，呈菱形，宽窄颇为一致，平均宽为 10 μm，有时部分脱落。外壁厚约 2.5 μm，外层厚于内层。表面具模糊的细网状纹饰（官子和等，1992）。

　　本种为一年生浮水或浮叶植物。根生泥中或全为不定根。生于湖泊、池塘或河湾缓流中。花果期为 8～10 月。广布于我国南北各地，有野生，也有栽培。镜泊湖、洱海、草海、鄱阳湖、洞庭湖、洪泽湖、南四湖、白洋淀、洪湖、长湖、西凉湖、保安湖、牛山湖、赤湖等均有分布。在洪湖常形成块状分布于挺水植物带内。俄罗斯、朝鲜、日本也有分布。

　　本种植物花粉采自湖北洪湖水深 1 m 左右处。

　　本属植物曾被定名为 *Sporotrapoidites*，发现于前苏联、匈牙利、奥地利的新近系。日本则见于北海道、九州的中新世。在我国从西北部柴达木盆地、渭河盆地向东至渤海湾盆地、浙江下南山组、苏北、南黄海盆地及东海龙井地区少量出现在渐新世，普遍出现于中新世。横断山区上新世煤系地层有大量出现。在江汉—洞庭盆地更新世以及河北迁安全新世泥炭剖面均见较丰富的菱的花粉（蔡述明等，1984）。

　　由于菱属花粉化石特别形态，因此易以鉴别。它不仅在新近纪地层的划分与对比中具有一定的意义，而且在第四纪自然环境演化中指示当时处于暖的淡水湖沼环境。

十五、狸藻科 Lentibulariaceae

狸藻属 *Utricularia* L.

1. 小狸藻 *U. minor* L.（图版 25：3-5）

　　花粉粒球形，直径 28 μm。多沟。外壁表面光滑，高倍镜下为网状图案（坡克罗夫斯卡娅等，1956）。

　　本种为多年生食虫沉水小植物。生于小水池或长期积水处。由夏至秋开花结果。我国南北均有分布；东南亚各地也有分布。

2. 普生狸藻 *U. vulgaris* L. (图版 24:7-8;25:1-2)

花粉粒扁球形。大小为 35.0(30.8~37.8) μm×27.5(25.0~32.0) μm。多沟,约 13 条,细狭。扫描电镜观察为多沟。外壁薄而光滑,外层略厚于内层。表面为不均匀的细网状纹饰(官子和等,1992)。

坡克罗夫斯卡娅等(王伏雄等译,1956)曾描述本种花粉粒的直径,大轴为 28~30 μm,小轴为 22~25 μm。额尔特曼(王伏雄等译,1962)曾描述本种的花粉形态为近扁球形—长球形(最长轴 32~47 μm),18 沟。

本种为多年生沉水漂浮食虫植物。生于湖泊、池沼及水田等静水中。花果期 6~8 月。分布于我国各省区,乌伦古海、岱海、洞庭湖、西凉湖(湖北)及洪湖等均有分布,在洪湖主要分布于挺水植物带内,水深 1.5 m 左右,伴生种类有轮叶黑藻、狐尾藻、金鱼藻及菹草等;日本、俄罗斯、印度、大洋洲也有分布。

本种植物花粉采自湖北洪湖挺水植物带内。

狸藻属的化石状态花粉碰到很少。由于它的花少量之故。

十六、半边莲科 Lobeliaceae

半边莲属 *Lobelia* L.

半边莲 *L. chinensis* Lour. (图版 25:6-8)

花粉粒长球形或近球形,极面观为 3 裂圆形。大小为 27.5(25~30) μm×22.5(20~25) μm。具 3 拟孔沟,沟细长,末端尖,孔不明显,在赤道面能见到孔的断面。外壁厚为 1.5~2.0 μm,两层,外层厚于内层。表面具细颗粒状纹饰(中国科学院植物研究所古植物研究室孢粉组等,1982)。

多年生湿生植物。生于水田边。沟边或潮湿草地。广布于长江中、下游及以南各省区;越南至印度、朝鲜、日本亦有分布。

十七、千屈菜科 Lytheraceae

(一) 水苋属 *Ammannia* L.

水苋菜 *A. baccifera* L.（图版 25:9-12）

　　水苋菜又称细叶水苋，花粉粒长球形，极面观为钝三角形。大小为 18(17～21) μm×15(14～19) μm。三孔沟，沟长条状，末端钝，具较厚的沟膜;内孔圆形，直径为 2～3 μm。外壁厚 1.0～1.5 μm，外层厚于内层。表面具模糊的细网状纹饰(中国科学院植物研究所古植物研究室孢粉组等,1982)。

　　本种为一年生湿生植物。生于沼泽地及水田中。我国中南部至东部各省区均有分布;亚洲热带其他地区、非洲和大洋洲也有分布。

(二) 萼距花属 *Cuphea* P. Br.

香膏草 *C. balsamona* Cham. et Schlecht.（图版 25:13-16）

　　花粉粒扁球形，极面观为每个角向外突出的三角形，边缘轮廓呈波状，角孔形。大小为 26(20～30) μm×14(11～15) μm。3 合沟孔，沟细长;孔纵长，椭圆形，孔缘外突，形成管状孔腔。外壁厚约 1 μm，外层厚于内层。表面具条状纹饰(中国科学院植物研究所古植物研究室孢粉组等,1982)。

　　湿生植物。喜生于潮湿的草坡上、水沟边或村落周围。原产美洲，我国南方有引种栽培，现已逸为野生。

（三）千屈菜属 *Lythrum* L.

千屈菜 *L. salicaria* L.（图版 25:17-20）

花粉粒扁球形，极面观为钝三角形，角孔型。大小为 23(20～25) μm×18(16～21) μm。3 孔沟与 3 假沟相间排列，沟纺锤形，两端渐尖，具沟膜；孔圆形，直径为 3～4 μm。外壁厚 1～1.5 μm，外层稍厚于内层。表面具模糊的网状纹饰（中国科学院植物研究所古植物研究室孢粉组等，1982）。

本种为多年生湿生植物，高 1 m 左右。喜生于水旁及湿地。分布于河北、山西、陕西、河南、四川、云南、广西及广东等省区；分布于全世界亚热带至温带地区。

（四）节节菜属 *Rotala* L.

圆叶节节菜 *R. rotundifolia*（Buch.-Ham.）Koehne
（图版 25:21-24）

花粉粒长球形，极面观为三裂圆形。大小为 18(16～21) μm×15(12～16) μm。3 孔沟，沟条状，末端钝圆，具沟膜；孔圆形，直径为 2～3 μm。外壁厚约 1 μm，外层稍厚于内层。表面具模糊的细颗粒状纹饰（中国科学院植物研究所古植物研究室孢粉组等，1982）。

本种为湿生植物。生于水田或沼泽地上，丛生。分布于我国西南部、南部至东部；印度、马来西亚、越南及日本也有分布。

本属花粉化石及植物遗迹比第四纪更早的沉积中很少碰到。在北京坟庄晚更新世泥炭剖面以及三江平原晚更新世均见到可靠的花粉化石。它们常与睡菜、香蒲、眼子菜、黑三棱等出现同一组合中。

十八、睡莲科 Nymphaeaceae

(一) 莼属 *Brasenia* Schreber

莼菜 *B. schreberi* J. F. Gmel(图版 25:25-27)

花粉粒极面观长椭圆形或椭圆形;赤道面观为长舟形。大小为 31(22～31) μm×39(37～53) μm×30(26～32) μm。单槽。外壁厚 1.0 μm,分层不明显。模糊状细颗粒纹饰。扫描电镜观察为细颗粒状纹饰(张玉龙,1984)。

本种为多年生浮叶植物。自生或栽培于清净的湖沼、池塘、水库边或水田内。花果期 6～11 月。分布于江苏、浙江、江西、湖南、湖北、云南、四川等省;俄罗斯、日本、印度、美国、加拿大,及大洋洲东部、非洲西部也有分布。

(二) 芡属 *Euryale* Salisb.

芡实 *E. ferox* Salisb. ex Konig et Sims(图版 26:1-2)

花粉粒椭圆球形或近圆球形。大小为 39.0(34.0～44.0) μm×34.0(29.0～39.0) μm。单槽(远极),少数为环槽(远极)。外壁厚约 1.0 μm,内外分层不明显。表面具较密的小刺状纹饰,刺长 1.5 μm。扫描电镜观察,花粉粒椭圆球形。大小为 42.1 μm×30.0 μm。单槽,也见有环槽。具较密的长短一致小刺状纹饰(官子和等,1992)。

张玉龙(1984)曾研究并描述过本种的花粉形态,花粉粒大小为 50(39～52) μm×29.6(24～30) μm。

本种为一年生多刺浮叶植物。自生或栽培于湖泊、池塘及沟渠缓流中。花果期 7～9 月。分布于我国南北各省区,尤以江浙一带为最多。鄱阳湖、洞庭湖、东太湖、洪泽湖、南四湖、白泽淀、洪湖、保安湖、赤湖等均有分布。在洪湖主要分布于挺水植物带内（水深 1.5 m 左右），常与莲、菰混生。俄罗斯、朝鲜、日本及印度也有分布。

本种花粉采自湖北洪湖。

（三）莲属 *Nelumbo* Adans.（化石图版 V：4-7；VI：1-3）

莲 *N. nucifera* Gaertn.（图版 26：3-9；27：1-2）

花粉粒极面观为三裂圆形，赤道面官为近圆球形或长椭圆形。大小为 75.0(62.50～80.0) μm×65.0(62.5～75.0) μm。具 3 沟，沟宽且长并具沟膜。外壁厚约 5 μm，外层与内层分别为 3.5 及 1.5 μm 厚。粗颗粒纹饰。花粉粒轮廓不平。扫描电镜观察，花粉粒近球形。大小为 60 μm×50 μm。3 沟，沟长几乎达到两极。具不规则的皱波状纹饰（官子和等，1992）。

中科院植物所形态室孢粉组（1960）、宋之琛等（1965）及张玉龙（1984）等均对本种花粉形态进行过研究及描述。

本种为多年生挺水植物。自生或栽培于浅水湖泊、池塘及水田中。花果期 5～10 月。分布于我国南北各省区。1980 年前在洪湖的分布是从湖岸到水深 1.5 m 地区，呈明显的环带状分布；1980 年淹水后而被破坏，菰则逐渐侵入，而莲成为一个过渡性群丛。目前，莲与菰常混生，底质为腐质淤泥，其生长常受湖泊水位涨落而影响。伴生种有金鱼藻、黑藻、菱、芡实、水鳖及睡莲等。俄罗斯、朝鲜、日本、印度、越南，亚洲南部或大洋洲均有分布。

本种植物花粉采自湖北洪湖。

（四）萍蓬草属 *Nuphar* Smith

1. 贵州萍蓬草 *N. bornetii* Levl. et Vant（图版 27：3-5）

花粉粒极面观为长椭圆形或椭圆形；赤道面观为长舟形。大小为

31(30～33)μm×53(49～59)μm×35(31～42)μm。单槽。外壁厚1.7μm,内外层厚度几相等。长刺纹饰,刺长5.2～8.7μm。扫描电镜观察,外壁纹饰为长刺,另有明显小颗粒(张玉龙,1984)。

本种为多年生水生植物。生于池沼中。花果期5～9月。分布于贵州,江西等省。

2. 欧亚萍蓬草 *N. lateun*(L.)J. E. Smith(图版 27:6-7)

花粉粒形状同贵州萍蓬草。大小为35(26～37)μm×53(47～61)μm×35(28～41)μm。单槽。外壁厚度1.7μm,分层不明显。长刺,刺长5.2～8.7μm,扫描电镜观察,具长刺,另有大小不等的小瘤(张玉龙,1984)。

本种为多年生水生植物。生于池沼中。花果期7～10月。分布于新疆;遍布欧洲、高加索、西伯利亚、伊朗及中东。

3. 萍蓬草 *N. pumilum*(Timm.)DC.(图版 27:8-10;28:1)

花粉粒形状同贵州萍蓬草。大小为32(26～37)μm×51(41～57)μm×36(32～43)μm。单槽。外壁厚度1.7μm,分层不明显。外壁纹饰为长刺,刺长3.5～8.7μm。扫描电镜观察,外壁纹饰为长刺,另有小颗粒(张玉龙,1984)。

本种为多年生挺水植物(不定根,叶浮水面或出水面)。生于湖沼及池塘中。花果期5～9月。有自生及栽培观赏用。分布于江苏、浙江、广东、江西、四川、河北、福建、湖北及吉林、黑龙江、新疆等地,洪湖及杭州西湖均有生长;俄罗斯、日本,欧洲北部及中部也有分布。

(五) 睡莲属 *Nymphaea* L.

1. 白睡莲 *N. alba* L.(图版 28:2-7)

花粉粒极面观为圆形;赤道面观为近圆形或椭圆形。大小为29(25～35)μm×23(16～24)μm。环槽(远极)。外壁厚度1.7μm,分层不明显。

小瘤状纹饰。扫描电镜观察,外壁纹饰为小瘤,少数小柱(张玉龙,1984)。

　　本种为多年生浮叶植物。生于池沼中。花果期 6～10 月。分布于河北、陕西、山东、浙江等地;俄罗斯高加索及欧洲也有分布;世界各地广为栽培,我国南方公园也有栽培供观赏。

2. 红睡莲 *N. alba* L. var. *rubra* Lonner(图版 28:8-11)

　　花粉粒形状同白睡莲。大小为 33(29～35) μm×26(24～30) μm。环槽(远极)。外壁厚度 1.7 μm,分层不明显,外壁为小瘤,少数小柱状纹饰。扫描电镜观察,外壁纹饰为小瘤及小柱(张玉龙,1984)。

　　本种为多年生浮叶植物。原产瑞典(张玉龙,1984);或印度(刁正俗,1990)。我国各大城市有栽培供观赏。花期自夏季至初秋。

3. 雪白睡莲 *N. candida* C. Presl(图版 28:12-15)

　　花粉粒形状同白睡莲。大小为 38(33～44) μm×24(20～30) μm。环槽(远极)。外壁厚度 1.7 μm,分层不明显。细颗粒状纹饰。扫描电镜观察,外壁纹饰有小突起(张玉龙,1984)。

　　本种为多年生水生植物。生于池沼中。花果期 6～8 月。分布于新疆;西伯利亚,中亚及欧洲也有分布。

4. 齿叶睡莲 *N. lotus* L.(图版 29:1-4)

　　花粉粒形状同白睡莲。大小为 30(26～36) μm×23(17～29) μm。环槽(远极)。外壁厚度 1.7 μm,分层不明显。外壁为小瘤,间有小柱状纹饰。扫描电镜观察,外壁纹饰为小瘤,间有小柱(张玉龙,1984)。

　　本种为多年生水生植物。原产于埃及;我国各大城市有栽培供观赏。

5. 柔毛齿叶睡莲 *N. lotus* L. var. pubescens(Willd.)Hook. f. et. Thoms(图版 29:5-8)

　　花粉粒形状同白睡莲。大小为 28(24～31) μm×26(20～29) μm。赤道环槽。外壁厚度 1.7 μm,分层不明显。细颗粒状纹饰。扫描电镜观察,外壁纹饰为不均匀小刺状(张玉龙,1984)。

本种为宿根性多年生水生植物。生于池塘中。花果期8～11月。分布于云南南部及西南部、台湾地区,广州华南植物园有栽培;印度、越南、缅甸和泰国也有分布。

6. 延药睡莲 N. stellate Willd(图版 29:9-12)

花粉粒形状同白睡莲。大小为 30(26～31) μm×26(24～30) μm。赤道环槽。外壁厚度 1.7 μm,分层不明显。外壁纹饰模糊。扫描电镜观察,外壁为微波纹起伏状纹饰(张玉龙,1984)。

本种为宿根性多年生水生植物。生于静水池塘、大小沟渠中。花果期 7～12 月。分布于云南南部、湖北、广东、海南岛;印度、越南、缅甸、泰国,及非洲也有分布。

7. 睡莲 N. tetragona Georgi(图版 29:13-15;30:1)

花粉粒形状同白睡莲。大小为 35(29～41) μm×28(21～31) μm。赤道环槽。外壁厚度 1.0 μm,分层不明显。外壁为颗粒状纹饰。扫描电镜观察,外壁纹饰为颗粒状,间有不规则的疣(张玉龙,1984)。

本种为多年生浮叶植物。生于湖泊、池沼及池塘中。花果期 6～10 月。我国广泛分布;俄罗斯、朝鲜、日本、印度、越南和美国也有分布。

睡莲科的花粉形态是多类型的,其中莼属、芡属、萍蓬草属为单槽花粉;睡莲属为环槽花粉;而 Barclaya 为无萌发孔花粉;王莲属(Victoria)(见现代孢粉图版 30:2-3)为环槽四合花粉和莲属为三沟花粉。其纹饰也多样化,有细颗粒、小瘤、小刺、长刺及皱波状等。从花粉形态上看表现出明显的异质性。也表示本科植物不是来自一个共同的祖先。Meycr(1964)曾根据花粉和分类资料,把睡莲科花粉分成 4 个演化支(Meycr N R,1964)。同时也表现出本科为被子植物的一个原始的科,因除莲属的三沟花粉外,单槽、环槽、无萌发孔花粉只出现在被子植物一些原始科属中,而在进步的科属中都没有出现过(Birks H H,1980)。从花粉外壁结构看,张玉龙(1984)从白睡莲(Nymphaea alba)和莲(Nelumbo nucifera)两种花粉为代表做了外壁的超薄切片比较工作。在透视电镜下观察,白睡莲的外壁中出现了多少一致的颗粒,没有分化出柱状层和底层;而在莲的外壁结构中,花粉具穿孔覆盖层,柱状层很明显,柱排列不整齐,底层也很明显,这种结构也与它的皱波状纹饰一致。根据 Wolker 的外壁演化趋势,具颗粒结构外壁为原始类型,而柱状层结构的外壁为进化类型。因此莲较白睡莲进化(参阅图版 27:1-2;28:5-7)。

　　睡莲科是最古老的科之一,开始于白垩纪。在北美、远东和北极带上白垩纪的沉积中见到莲属(*Nelumbo*)的叶子和果实。莲属的遗迹也发现于欧洲,以及远东和日本的渐新统和中新统。莲属的花粉化石则见于西伯利亚的渐新统。类似莲的花粉化石在我国山东泗水渐新统中有所发现(宋之琛等,1965)。莲的花粉化石散见于我国渤海沿岸地区古近系及洞庭盆地第四纪沉积中(蔡述明等,1984;石油化学工业部石油勘探开发规划研究院等,1978)。在北京晚更新世泥炭剖面中见到过可靠的果实和花粉。欧亚萍蓬草的花粉粒在俄罗斯的古近纪、新近纪和第四纪的沉积中常可见到(坡克罗夫斯卡娅等,1956)。

十九、柳叶菜科 Onagraceae(化石图版 Ⅵ:4-8)

(一) 柳兰属 *Chamaenerion* Seguier

柳兰 *C. angustifolium*(L.)Scop.(图版 30:4-7)

　　花粉粒扁球形,极面观多数为三角形,上述为四角形。大小为 95(90～103) μm×73(68～83) μm。具 3～4 萌发孔,圆形,突出。外壁厚 2 μm,内外层几乎相等。表面具细网状纹饰,具粘丝。(中国科学院植物研究所古植物研究室孢粉组等,1982)。

　　坡克罗夫斯卡娅等(1956),宋之琛等(1965),均对本种花粉形态进行过研究及描述。

本种为多年生湿生植物。生于河岸或山谷沼泽地;分布于我国东北、华北、西北及西南。

(二) 柳叶菜属 *Epilobium* L.

1. 柳叶菜 *E. hirsutum* L. (图版 30:8;31:1)

花粉粒扁球形,极面观为钝三角形。大小为 113(100~115) μm×75(63~85) μm。具 3 萌发孔,孔圆形,突出。外壁厚 3 μm,外层厚于内层。表面具模糊的细网状纹饰,具长粘丝(中国科学院植物研究所古植物研究室孢粉组等,1982)。

本种为多年生湿生植物。生于沟边或沼泽地。分布于我国四川、云南、贵州、陕西、新疆、山西、河北、及东北;亚洲其他地区和非洲、欧洲均有分布。

2. 小花柳叶菜 *E. parviflorum* Schreb. (图版 31:2-3)

花粉粒扁球形,极面观为圆三角形。大小为 78(70~83) μm×53(45~63) μm。具 3 萌发孔,孔圆形,突出。外壁厚 3.4 μm,外层厚于内层,外层在孔处加厚。表面具细网状纹饰,具粘丝(中国科学院植物研究所古植物研究室孢粉组,1982)。

本种为多年生湿生植物。喜生沼泽地,有时见于水田边湿地。在我国贵州、华中、华北、东北等地有分布;日本、欧洲也有分布。

(三) 水龙属 *Jussiaea* L.

1. 水龙 *J. repens* L. (图版 31:4-5)

花粉粒扁球形,极面观为三(四)角形。大小为 78(50~85) μm×55(40~70) μm。具 3~4 萌发孔,孔圆形,稍突出。外壁厚 3.8 μm,外层厚于内层。表面具细网状纹饰(中国科学院植物研究所古植物研究室孢粉组,1982)。

　　本种为一年至多年水生植物。生于浅水池塘、池沼、水田及沟渠中。我国长江以南和四川等地均有分布;广布世界热带和亚热带其他地区。

2. 毛草龙 *J. suffruficosa* L.（图版 32:1-3）

　　花粉粒扁球形,极面观为三角形。大小为 70(65～75) μm×50(48～53) μm。具 3 萌发孔,孔稍突出。外壁厚 2.9 μm,内外层几乎相等。表面具模糊的细网状纹饰,具黏丝。有四合体的花粉(中国科学院植物研究所古植物研究室孢粉组,1982)。

　　本种为湿生植物。高 0.4～1.0 m。常生于水田边或荒芜之沼湿地。分布于广东、海南岛以及我国西南部至东部;热带和亚热带其他地区也有分布。

　　柳叶菜科也是较古老的一科之一。它们开始于白垩纪。花粉化石散见于第三、第四纪沉积物中。我国在渤海沿岸地区古近系(石油化学工业部石油勘探开发规划研究院等,1978)、江汉盆地潜江组—荆河镇组*及洞庭盆地第四纪沉积物中均有发现(蔡述明等,1984)。在瑞典、英国、德国和俄罗斯的第四纪地层中已见到柳叶菜科许多种的花粉(坡克罗夫斯卡娅等,1956)。

二十、胡椒科 Piperaceae

豆瓣绿属 *Peperomia* Ruiz et Pavon

豆瓣绿 *P. reflexa*(L. f.)A. Dietr.（图版 33:1-2）

　　花粉粒球形,直径 13.9(12.2～15.6) μm。无萌发孔,外壁厚度约为 1 μm,层次不明显。表面具较明显的小瘤,花粉轮廓线为较大的波浪形

---

* 江汉石油管理局地质处化验室古生物组.1976.江汉盆地白垩-第三纪孢子花粉化石.江汉石油技术情报,122-125(内部资料).

（中国科学院植物研究所古植物研究室孢粉组等,1982）。

多年生湿生植物,高 15～50 cm。生于湿地或水旁。分布于长江以南各省区;日本亦有分布。

二十一、蓼科 Polygonaceae（化石图版 VI:9-10）

蓼属 *Polygonum* L.

1. 稀花蓼 *P. dissitiflorum* Hemsl.（图版 32:6）

花粉粒圆球形,直径 42.5(37.5～45.0) μm。散孔,孔处于某些网眼内。外壁厚度约为 6 μm,外层厚于内层,外层具明显的基柱。粗网状纹饰,网格直径为 8～10 μm,网脊为粗颗粒状。花粉粒轮廓线不平。

本种为一年生湿生植物。生于湖沼、溪沟及河边的浅水处,或山谷湿地。花果期 6～9 月。分布于我国西南、华中、华东、华北和东北;朝鲜、俄罗斯的远东地区也有分布。

本种植物花粉采自湖北武汉东湖。

2. 水蓼 *P. hydropiper* L.（图版 31:6）

花粉粒圆球形,直径 37.5(30.0～41.3) μm。具散孔,孔处于某些网眼内。外壁厚度约为 5 μm,外层厚于内层,外层具明显的基柱,长约 3 μm,宽约 2 μm,排列整齐。表面具粗网,网眼直径 6～8 μm,网脊由粗颗粒状或瘤所组成。网眼内具颗粒状突起。花粉粒轮廓线不平。除花粉体积比旱苗蓼略小外,其外壁结构及纹饰等均与旱苗蓼相似(官子和等,1992)。

本种为一年生湿生植物。生于湖边、溪沟、河边的浅水处及水田的低湿地。花果期 6～11 月。分布于我国西南至东部、中部和东北;亚洲其他地区和美洲、欧洲也有分布。

本种植物花粉采自湖北洪湖。

3. 软茎水蓼 *P. hydropiper* L. var. *flaccidum*(Meisn.)Steward

（图版 31:7）

　　花粉粒圆球形，直径 35(27.5～38.8) μm。具散孔，孔处于某些网眼内。外壁厚度约为 6 μm，外层厚于内层，外层具明显的基柱。粗网状饰，网眼直径为 8～10 μm。

　　本种为一年生湿生植物。其习性与生境同水蓼。分布于我国中南和西南各地。

　　本种植物花粉采自湖北武汉东湖。

4. 酸模叶蓼(旱苗蓼)*P. lapathifolium* L.（图版 32:4-5）

　　花粉粒圆球形，直径 42.5(37.5～45.0) μm。具散孔，孔处于某些网眼内。外壁较厚，厚度约为 6 μm，外层厚于内层，外层具明显的基柱。表面具粗网，网眼直径为 8～10 μm。网脊由粗颗粒或瘤(基柱)所组成。网眼内具颗粒状突起。花粉粒轮廓线不平。扫描电镜观察，花粉粒圆球形。直径 34.0～38.7 μm。散孔，孔处于某些网眼内。粗网状纹饰。网脊明显高起，网眼内为颗粒状突起(官子和等,1992)。

　　本种为一年生湿生植物。多生于湖岸浅水潮湿处或沟渠旁。花果期 6～9 月。分布于我国南北各地；印度、朝鲜、日本及俄罗斯西伯利亚也有分布。

　　本种植物花粉采自湖北洪湖。

5. 白绒蓼 *P. lapathifolium* L. var. *salicifolium* Sibth.

（图版 32:7）

　　花粉粒圆球形，直径 42.5(30.0～45.0) μm。具散孔，孔较明显地处于某些网眼内。外壁厚度约为 6 μm，外层厚于内层，外层具明显的基柱。粗网状纹饰，网眼直径为 8～10 μm。花粉粒轮廓线不平。

　　本种为湿生植物。其习性及生境同旱苗蓼。

　　本种植物花粉采自湖北武汉东湖。

　　蓼属的花粉化石最早出现在中欧的中古新世,法国的上古新世以及德国的上中新世。在我国则出现在渤海沿岸地区的古近系。如辽宁盘山、天津北大港、山东禹城（石油化学工业部石油勘探开发规划研究院等，1978）。江汉盆地的荆河镇、新近系广华寺组也有发现[*]。华北、西北晚更新世和更新世泥炭剖面中则更为常见。

二十二、毛茛科 Ranunculaceae

（一）驴蹄草属 *Caltha* L.

驴蹄草 *C. palustris* L.（图版 33：3-4）

　　花粉粒椭球形或近球形，极面轮廓圆三角形，侧面轮廓宽椭圆形。大小为 32.6(29.6～36.8) μm×27.2(23.2～29.2) μm。具 3 沟，偶有 4 沟者，沟较短而浅，未深切极面观的圆形轮廓。外壁厚度 1.6 μm，外层略厚于内层。粗颗粒状纹饰（宋之琛等，1965）。中科院植物所形态室孢粉组（1960）也曾研究和描述过。本种为多年生湿生植物。生于海拔 1 200～2 000 m 处的沼泽地、水沟边或山坡林下湿地。分布于云南西北部、四川、甘肃、陕西、山西、河北、内蒙古、新疆和东北；北半球温带其他地区也有分布。

（二）毛茛属 *Ranunculus* L.

1. 毛茛 *R. acris* L.

　　花粉粒的极面轮廓圆形。直径约 30 μm。具 4 沟，也有 3 沟。沟浅，不深

---

[*] 江汉石油管理局地质处化验室古生物组. 1976. 江汉盆地白垩-第三纪孢子花粉化石. 江汉石油技术情报, 122-125（内部资料）。

切花粉粒。外壁厚约 2 μm,外层厚于内层。粗颗粒状纹饰(宋之琛等,1965)。

本种为多年生湿生植物,生于原野潮湿处。分布于我国南北各地。

2. 石龙芮 *R. sceleratus* L.(图版 33:5-6)

花粉粒极面观圆三角形,赤道面观椭圆球形。大小为 22.5(21.0～37.5) μm×21.5(20.0～32.5) μm。具 3 沟,沟长接近两极。外壁厚约 1.5 μm,外层略厚于内层。颗粒状纹饰。扫描电镜观察,花粉粒近球形。大小为 26.0 μm×25.0 μm。3 沟,沟长接近两极。表面具短而小的刺。花粉粒轮廓线不平(官子和等,1992)。

本种为一年生湿生植物。生于湖岸边、沟渠旁或水湿地。花果期 3～9 月。分布于我国南北各省区;北半球其他地区也有分布。

本种植物花粉采自湖北洪湖。

毛茛科的花粉化石曾出现法国的上中新统;在哈萨克斯坦的第三系中找到过。在我国渤海沿岸地区及苏北的古近系沉积中有所发现(石油化学工业部石油勘探开发规划研究院等,1978)。江汉—洞庭盆地晚新生代沉积中常可遇见(蔡述明等,1984)。

二十三、茜草科 Rubiaceae

耳草属 *Hedyotis* L.

1. 双花耳草 *H. biflora*(L.)Lam.(图版 33:7-10)

花粉粒球形,极面观 3 裂圆形。大小为 18(16～21) μm×17.1(14～19) μm。具 3 孔沟,沟短而狭末端尖,内孔横长,宽于沟,与沟相交呈十字形。外壁厚 1.5～2.0 μm,外层厚于内层,在沟边处外层明显增厚,且高出于轮廓线。表面具细网纹饰(中国科学院植物研究所古植物研究室孢粉组等,1982)。

　　一年生湿生植物。生于低海拔润湿旷地上或溪畔。分布于广东、广西、江苏等省区;印度、越南、马来西亚至波利尼西亚亦有分布。

2. 伞房耳草 *H. corymbosa*(L.)Lam.（图版 33:11-14）

　　花粉粒球形。大小为 24.7(17.1～26.6) μm×20.9(17.0～26.6) μm。具 3 孔沟,沟较双花耳草宽,3～4 μm,末端稍钝。外壁厚约 3 μm,外层厚于内层,在沟边处外层增厚不明显(中国科学院植物研究所古植物研究室孢粉组等,1982)。

　　一年生柔弱、披散湿生植物。多生于水田田埂或潮湿草地上。分布于我国东南和西南部各省区;亚洲热带地区、非洲和美洲亦有分布。

　　茜草科出现于第三纪,在第四纪沉积中本科花粉常可碰见(坡克罗夫斯卡娅等,1956)。

二十四、三白草科 Saururaceae

（一）裸蒴属 *Gymnotheca* Decne

白苞裸蒴 *G. involucrata* Pei（图版 33:15-16）

　　花粉粒极面观为椭圆形到近圆形。体积小,大小为 13.9(12.2～17.4) μm×8.7(6.8～10.4) μm。具一远极槽,比较明显,有时具 3 歧槽的花粉。外壁厚为 0.8～1.0 μm,分层模糊。表面光滑(中国科学院植物研究所古植物研究室孢粉组等,1982)。

　　本种为多年生湿生植物。生于湿地上。分布于四川西部和西南部。

（二）蕺菜属 *Houttuynia* Thunb.

蕺菜 *H. cordata* Thunb.（图版 33:17）

　　蕺菜又名鱼腥草。花粉粒极面观为椭圆形。体积小,大小为 15.6

(13.9～17.4) μm×8.7(6.9～10.4) μm。具一远极槽,槽明显,但有时也不明显,偶尔有远极 3 歧槽花粉出现。外壁厚度为 0.8～1.0 μm,层次模糊。表面光滑(中国科学院植物研究所古植物研究室孢粉组等,1982)。

多年生湿生植物,株高 15～50 cm。生于湿地或水旁。花果期 6～8 月。分布于长江以南各省区;日本、泰国、印度亦有分布。

(三) 三白草属 *Saururus* L.

三白草 *S. chinensis*(Lour.)Baill(图版 33:18)

三白草又名白节藕。花粉粒极面观为椭圆形。大小为 15.9(12.2～16.5) μm×8.7(6.9～10.4) μm。具一远极槽。外壁厚度约为 1 μm,层次模糊。表面光滑(中国科学院植物研究所古植物研究室孢粉组等,1982)。

本种为多年生湿生植物。株高 30～80 cm。生于低湿地方。夏季开花。分布于长江以南各省区。

二十五、马鞭草科 Verbenaceae

过江藤属 *Phyla* Lour.

过江藤 *P. nodiflora*(L.)Greene(图版 33:19-22)

花粉粒长球形,极面观为钝三角形。大小为 30.0(27.5～35.0) μm×25.0(22.5～27.5) μm。具 3 孔沟,沟细较短,内孔非常横长,孔的长度和宽度与沟的长度和宽度几乎相等,相交呈十字形。外壁厚约 1.7 μm,外层稍厚于内层。表面具模糊的细网纹饰(中国科学院植物研究所古植物研究室孢粉组等,1982)。

　　本种为多年生湿生植物。生于湿润的河边、海边和堤岸。分布于云南、贵州、四川、广东、湖南、湖北、江西、福建、台湾；世界其他热带和亚热带地区都有分布。

附表 1　有关水生维管束植物在地史中出现的化石记录简表

代	纪	世	距今年龄/百万年	主要现象	有关水生维管束植物在地史中出现的记录	
新生代	第四纪	全新世	0.01	冰川广布;黄土生成	和现今水生维管束植物相似	
新生代	第四纪	更新世	3	冰川广布;黄土生成	和现今水生维管束植物相似	
新生代	第三纪	上新世	12	第三纪山系形成;地势分异显著;樟科、金缕梅科植物兴盛	水鳖属;毛茛科;菱属;莎草科;狐尾藻属;蓼属	木贼属;紫萁科;苹属;水韭属;满江红属;水蕨属;槐叶苹属;禾本科;眼子菜属;黑三棱属;香蒲属;菊科;十字花科;睡莲科;柳叶菜科
新生代	第三纪	中新世	25	第三纪山系形成;地势分异显著;樟科、金缕梅科植物兴盛	毛茛科;菱属;莎草科;狐尾藻属;蓼属	木贼属;紫萁科;苹属;水韭属;满江红属;水蕨属;槐叶苹属;禾本科;眼子菜属;黑三棱属;香蒲属;菊科;十字花科;睡莲科;柳叶菜科
新生代	第三纪	渐新世	40	哺乳动物分化	菱属;莎草科;狐尾藻属;蓼属	木贼属;紫萁科;苹属;水韭属;满江红属;水蕨属;槐叶苹属;禾本科;眼子菜属;黑三棱属;香蒲属;菊科;十字花科;睡莲科;柳叶菜科
新生代	第三纪	始新世	60	被子植物繁盛;哺乳动物大发展	莎草科;狐尾藻属;蓼属	木贼属;紫萁科;苹属;水韭属;满江红属;水蕨属;槐叶苹属;禾本科;眼子菜属;黑三棱属;香蒲属;菊科;十字花科;睡莲科;柳叶菜科
新生代	第三纪	古新世	70	被子植物繁盛;哺乳动物大发展	狐尾藻属;蓼属	木贼属;紫萁科;苹属;水韭属;满江红属;水蕨属;槐叶苹属;禾本科;眼子菜属;黑三棱属;香蒲属;菊科;十字花科;睡莲科;柳叶菜科
中生代	白垩纪		135	海浸扩大;火山活动强烈;生物界变化显著	木贼属;紫萁科;水韭属;苹属;满江红属;水蕨属;槐叶苹属;黑三棱属;睡莲科;柳叶菜科	
中生代	侏罗纪		180	爬行动物兴盛;生成大的煤田	木贼属;紫萁科	
中生代	三叠纪		225	陆地扩大;爬行动物发育;哺乳动物开始	木贼属;紫萁科	
古生代	二叠纪		280	陆地增大;生物变化明显	木贼属;紫萁科	
古生代	石炭纪		350	珊瑚礁发育;爬行动物出现;森林广布;煤田形成;地势差异大	木贼属;紫萁科	
古生代	泥盆纪		400	鱼类极盛;两栖类出现;植物登陆		
古生代	志留纪		440	地势、气候变化大;造山运动强		
古生代	奥陶纪		500	海水广布;无脊椎动物大量发育		
古生代	寒武纪		600	浅海多,生物大量发育		
远古代	震旦纪		1 000	冰川广布		
远古代	震旦纪			火山活动强烈		
太古代						

地球初期发展阶段约 6 000

主要参考文献

埃尔特曼.1978.孢粉学手册.中国科学院植物研究所古植物室孢粉组译.北京:科学出版社:3-254.

蔡述明,官子和,孔昭宸,等.1984.从岩相特征和孢粉组合探讨洞庭盆地第四纪自然环境的变迁.海洋与湖沼,15(6):527-539.

曹萃禾.1987.水生维管束植物在太湖生态系统中的作用.生态学杂志,6(1):37-39.

陈必寿.1981.新疆博斯腾湖地区芦苇沼泽及草甸植被资源的利用和保护.植物生态学与地植物学丛刊,5(3):224-231.

陈洪达.1980.武汉东湖水生维管束植物群落的结构和动态.海洋与湖沼,11(3):276-283.

陈洪达.1984.杭州西湖水生植被恢复的途径与水质净化问题.水生生物学集刊,8(2):237-244.

陈洪达.1984.武汉东湖大茨藻群落的研究.水生生物集刊,8(3):331-340.

陈洪达.1985.菹草的生活史.生物量和断枝的无性繁殖.水生生物学报,9(1):32-39.

陈耀东.1985.镜泊湖水生植被.水生生物学报,9(4):374-381.

陈耀东.1987.青海湖眼子菜科植物的研究.水生生物学报,11(3):228-235.

陈家宽,孙祥钟,王徽勤.1983a.湖北矮慈姑居群的初步研究.武汉大学学报:自然科学版,(1):103-110.

陈家宽,孙祥钟,王徽勤.1983b.湖北泽泻科植物的区系特点和地理分布.武汉大学学报:自然科学版,(4):155-163.

崔奕波,李钟杰.2005.长江流域湖泊的渔业资源与环境保护.北京:科学出版社:9-172.

刁正俗.1990.中国水生杂草.重庆:重庆出版社:24-501.

额尔特曼.1962.花粉形态与植物分类.王伏雄等译.北京:科学出版社:168-385.

冯灿,王学雷,王增学,等.1989.长湖水生维管束植物群落研究.武汉植物学研究,7(2):123-130.

官少飞,郎青,张本.1987.鄱阳湖水生植被.水生生物学报,11(1):9-21.

官少飞,郎青.1988.赤湖水生植被.江西科学,6(1):44-50.

官子和,孔昭宸,杜乃秋.1992.洪湖主要水生维管束植物花粉形态的初步研究.植物学报,34(2):81-89.

简永兴,王徽勤.1991.湖北省泽泻科、水鳖科、眼子菜科及茨藻科植物花粉形态研究.武汉植物学研究,9(1):21-27.

济宁市科学技术委员会.1987.南四湖自然资源调查及开发利用研究.济南:山东科技出版社:108-119.

李恒,徐廷志.1979.泸沽湖植被考察.云南植物研究,1(1):125-137.

李文朝,杨清心.1993.乌伦古湖水生植被研究.海洋与湖沼,24(1):100-108.

李西林,黄先石,詹亚华.1993.中国莲子草属药用种植物花粉形态的研究.武汉植物学研究,11(2):117-119.

李孝慈.1982.洪湖水生维管束植物调查.洪湖水生资源(二)(内部资料).37-51.

林尤兴.1980.满江红科的分类和某些种类的推广利用.植物分类学报,18(4):450-456.

刘文郁,刘伙泉,黄根田.1988.武汉市牛山湖水生植物的分布、生物量及其合理利用的初步研究.长江流域资源、生态、环境与经济开发研究论文集(一):83-87.

彭德纯,袁正科,廖起凤,等.1986.洞庭湖区湖沼植被.生态学杂志,5(2):28-32.

坡克罗夫斯卡娅,克利什托弗维奇等.1956.花粉分析.王伏雄等译.北京:科学出版社:339-416.

石油化学工业部石油勘探开发规划研究院,中国科学院南京地质古生物研究所.1978.渤海沿岸地区早第三纪孢粉.北京:科学出版社:118-150.

宋之琛,等.1965.孢子花粉分析.北京:科学出版社:89-154.

苏泽古,倪乐意,葛耀文,等.1991.保安湖水生维管束植物研究.保安湖渔业生态和渔业开发技术研究文集.北京:科学出版社:31-48.

孙竹友.1989.南四湖生境与保护对策.海洋湖沼通报,2:18-27.

王开发,王宪曾.1983.孢粉学概论.北京:北京大学出版社:50-55.

王镜泉.1984.国产蒲黄形态研究.中草药,15(5):28-31.

王镜泉.1990.眼子菜属、角果藻属和水麦冬属花粉形态的研究.植物分类学报,28(5):372-378.

王祖熊.1959.梁子湖湖沼学资料.水生生物学集刊(3):352-367.

汪劲武.1984.种子植物分类学.北京:高等教育出版社:221-224.

游浚.1992.中国茨藻属的分类和进化.武汉:武汉大学出版社:39-90.

于丹,聂绍基,董世林.1988.黑龙江省的水生维管束植物.水生生物学报,12(2):137-145.

于丹,杨国亭,刘丽华.1992.小兴凯湖的水生植被及其生态作用.水生生物学报,16(1):24-31.

载全裕.1984.洱海水生植被的初步研究.海洋湖沼通报,4:31-41.

载全裕.1986.云南滇池水生植被的观察与分布.海洋湖沼通报,2:65-75.

载全裕,高礼存,庄大栋.1983.云南抚仙湖的水生植被及其微量元素.海洋湖沼通报,(1):52-58.

赵佐成,孙祥钟,王徽勤.1984.华南地区淡水水鳖科植物的生态特征和群落观察.生态学报,4(4):354-363.

张金谈.1979.从孢粉形态特征试论植物某些类群的分类与系统发育.植物分类学报,17(2):1-8.

张玉龙.1984.我国睡莲科花粉形态的研究.植物研究,4(3):147-153.

张玉龙,陈耀东.1984.我国黑三棱属花粉形态的研究.植物学报,26(2):130-133.

张圣照.1992.洪泽湖水生植被.湖泊科学,4(1):63-70.

中国科学院北京植物研究所古植物研究室孢粉组.1976.中国蕨类植物孢子形态.北京:科学出版社:48-381.

中国科学院南京地理与湖泊研究所.1989.中国湖泊概论.北京:科学出版社:1-12,158-170.

中国科学院武汉植物研究所.1983.中国水生维管束植物图谱.武汉:湖北人民出版社:2-624.

中国科学院新疆资源开发综合考察队.1989.新疆水生生物与渔业.北京:科学出版社:95-105.

中国科学院植物研究所古植物研究室孢粉组,华南植物研究所形态研究室.1982.中国热带亚热带被子植物花粉形态.北京:科学出版社:9-429.

中国科学院植物研究所形态室孢粉组.1960.中国植物花粉形态.北京:科学出版社:96-203.

Birks H H. 1980. Plant Macrofossils in Quaternary lake Sediments. Arch. Hydrobiol. Ergeb. Limnol. 15,1-60.

Daghlian C P. 1981. A Review of the Fossile Record of Monocotyledons, Bot. Rev. 47(4):517-555.

Meycr N R. 1964. Palynological Studies in Nymphaeaceae (in Russian), Bot. Zh. ,49(10):1421-1429.

Muller J. 1981. Fossil Pollen Records of Extant Angiosperms. Bot. Rev. , 47:1-123.

Punt W. 1975. The Northwest European Pollen Flora Sparganiaceae and Typhaceae. Rev. Palaeobot Polynol. ,19(2):75-88.

Reid E M,Chandler M E J. 1926. Catalogue of Cainozoic Plants in the Department of Geology. Vol. 1. The Bembridge Flora. British Museum (Nat. Hist.). London,206.

Rendle A B. 1901. Najadaceae. In Das Pflanzenreich:4(12):1-21.

附　录

中名索引

拉丁名索引

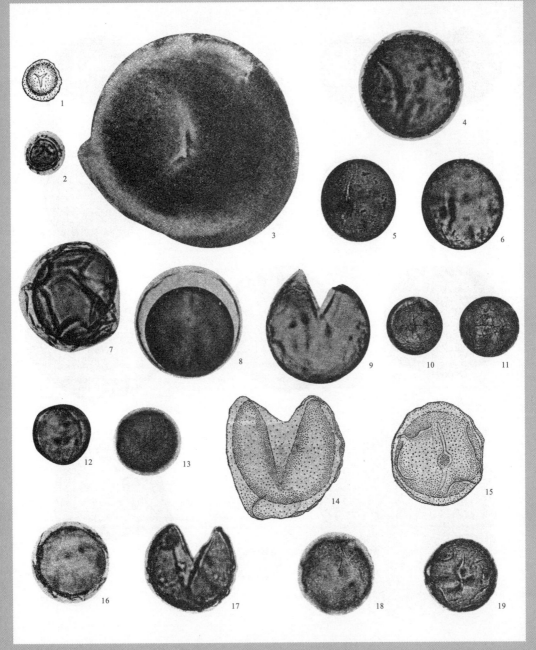

满江红科：Azollaceae 1-3. 满江红 *Azolla imbricata* 1-2. 小孢子(1. ×600, 2. ×500)；3. 大孢子，示三槽的裂缝，最外一圈为孢子囊的内壁 (×960).

木贼科：Equisetaceae 4-6. 问荆 *Equisetum arvense* ×500; 7-9. 笔管草 *E. debile* ×500; 10-13. 散生木贼 *E. diffusum* ×500; 14-19. 水生木贼 *E. fluviatile* 14-15. ×600, 16-19. ×500.

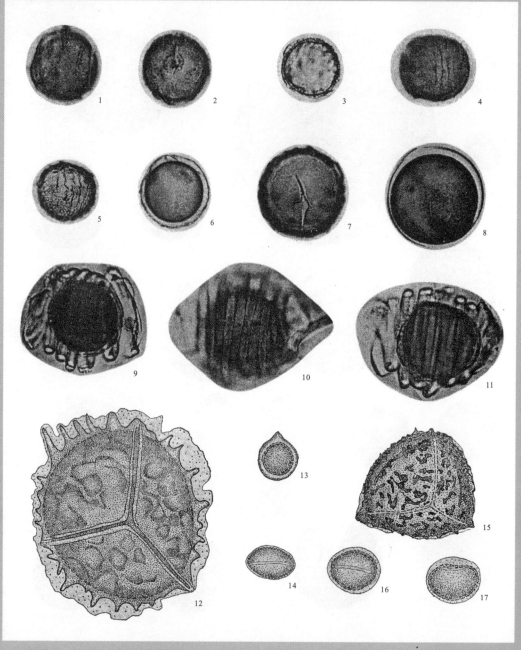

木贼科: Equisetaceae 1-6 大问荆 *Equisetum palustre* ×500; 7-11. 节节草 *E. ramosissimum* ×500.

水韭科: Isoetaceae 12-14. 宽叶水韭 *Isoetes japonica* 12. 大孢子 ×200, 13-14.小孢子 ×600; 15-17. 中华水韭 *I. sinensis* 15. 大孢子 ×150，16-17. 小孢子 ×600.

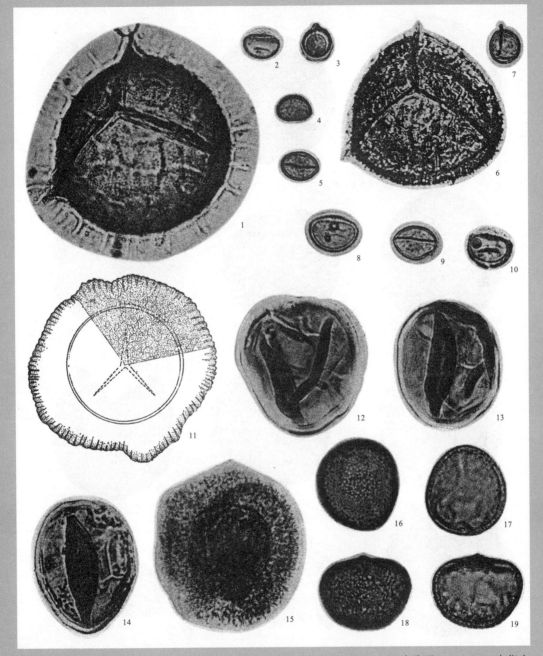

水韭科：Isoetaceae 1-5. 宽叶水韭 *Isoetes japonica* 1. 大孢子 ×200，2-5. 小孢子 ×500; 6-10. 中华水韭 *I. sinensis* 6. 大孢子 ×150, 7-10. 小孢子 ×500.

苹科：Marsileaceae 11-15. 苹 *Marsilea quadrifolia* 小孢子 ×500，15. 具周壁小孢子.

瓶尔小草科：Ophioglossaceae 16-19. 狭叶瓶尔小草 *Ophioglossum thermale* ×500.

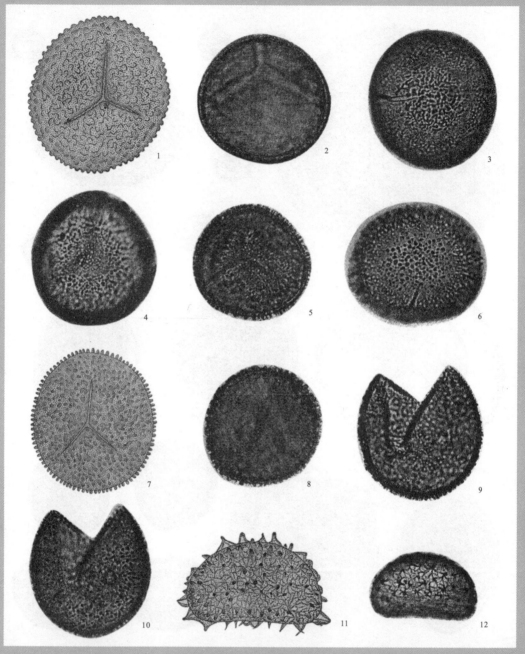

紫萁科：Osmundaceae 1-4. 粗齿紫萁 *Osmunda banksiifolia* 1. ×600, 2-4 ×500; 5-6. 亚洲分株紫萁 *O. cinnamomea* L. var. *asiatica* ×500; 7-10. 绒紫萁 *O. claytoniana* 7. ×600, 8-10. ×500.

金星蕨科：Thelypteridaceae 11-12. 沼泽蕨 *Thelypteris palustris* 11. ×700, 12. ×500.

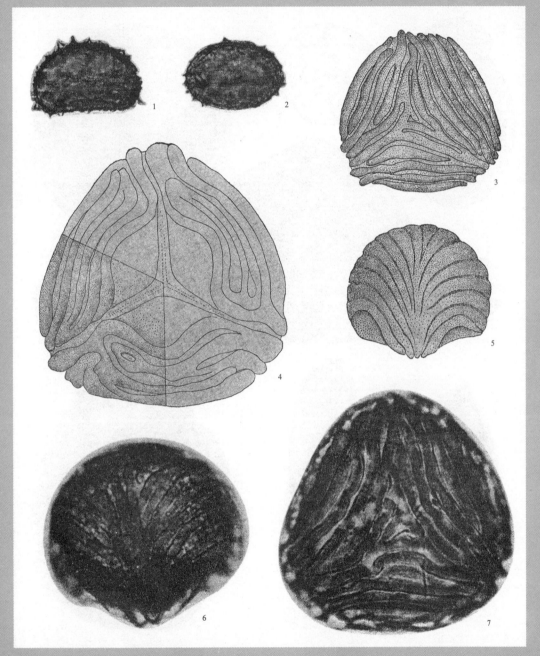

金星蕨科：1-2. 沼泽蕨 *Thelypteris palustris* ×500.

水蕨科：Parkeriaceae 3-7. 水蕨 *Ceratopteris thalictroides* 3. 5. ×250, 4. 6. 7. ×500.

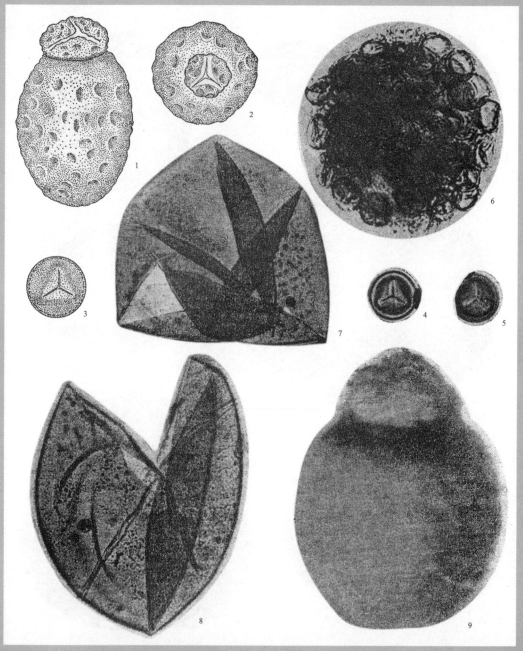

　　槐叶苹科：Salviniaceae 1-9. 槐叶苹 *Salvinia natans* 1-2. 大孢子 ×80，3-6.小孢子 3. ×600，4-6.×500，6. 小孢子囊. 7-8. 经醋酸酐分解处理后的大孢子，约×90，9. 未经处理的大孢子(实体显微镜下照片)约×90.

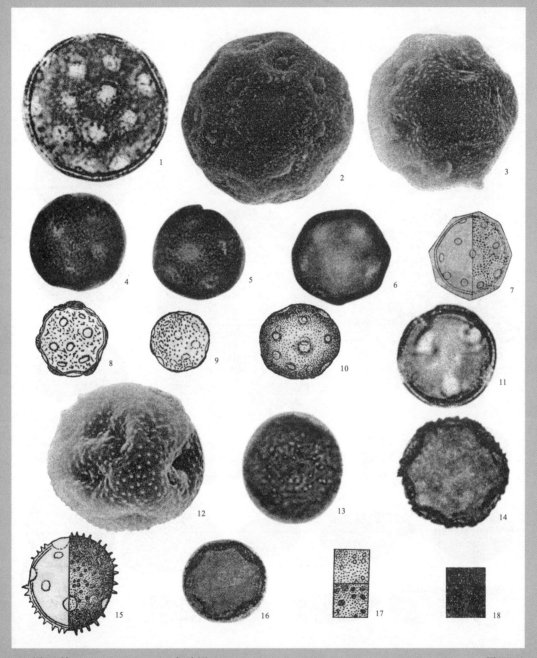

泽泻科：Alismataceae 1-2. 窄叶泽泻 *Alisma canaliculatum* 1. ×1200, 2. SEM. ×1500; 3-6. 泽泻 *A. orientale* 3. SEM. ×1500, 4-6. ×1000; 7-10. 大花瓣泽泻 *A. plantago-aquatica* 7. ×800, 8-9. ×400, 10. ×667;11-12. 肾叶泽苔草 *Caldesia reniformis* 11. ×1200, 12. SEM. ×1500; 13-18. 冠果草 *Lophotocarpus guyanensis* 13-14. ×1000, 15-16. ×667, 17-18. ×1334 表面纹饰.

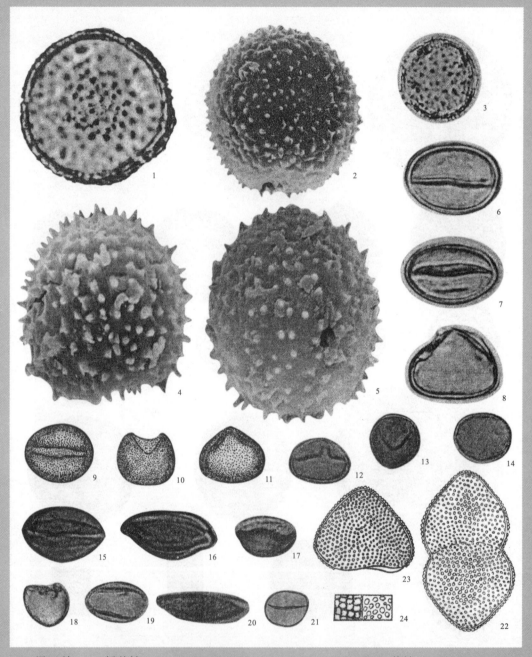

泽泻科：1-2. 矮慈姑 *Sagittaria pygmaea* 1. ×1200, 2. SEM. ×1500; 3-4. 慈姑 *S. Sagittfolia* 3. ×800, 4. SEM. ×3500; 5. 长瓣慈姑 *S. sagittfolia* L. var. *longiloba* SEM ×3500.

天南星科：Araceae 6-14. 菖蒲 *Acorus calamus* 6-8. ×1000, 9-14. ×667; 15-21. 石菖蒲 *A. gramineus* 15-16. ×1000, 17-20. ×667, 21.×800.

花蔺科：Butomaceae 22-24. 花蔺 *Botomus umbellatus* 22-23. ×400, 24. ×500, 表面纹饰.

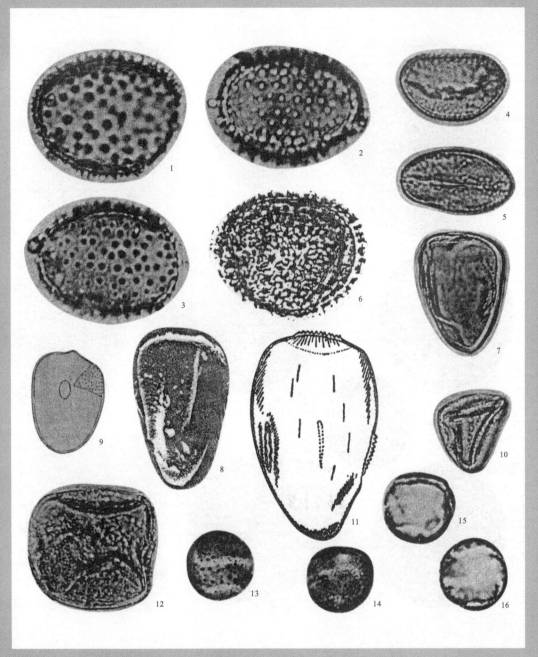

鸭跖草科：Commelinaceae 1-3. 鸭跖草 *Commelina communis* ×1000; 4-5.聚花草 *Floscopa scandens* ×1000; 6.水竹叶 *Murdannia triquetra* ×800.

莎草科：Cyperaceae 7-8. 异型莎草 *Cyperus difformis* 7. ×800, 8. ×1000; 9.毛轴莎草 *C. Pilosus* ×800; 10.透明鳞荸荠 *Eleocharis pellucida* ×800; 11. 荆三棱 *Scirpus maritimus* ×500; 12. 水毛花 *S. mucronatus* ×800.

谷精草科：Eriocaulaceae 13-16.流星草 *Eriocaulon truncatum* ×1000.

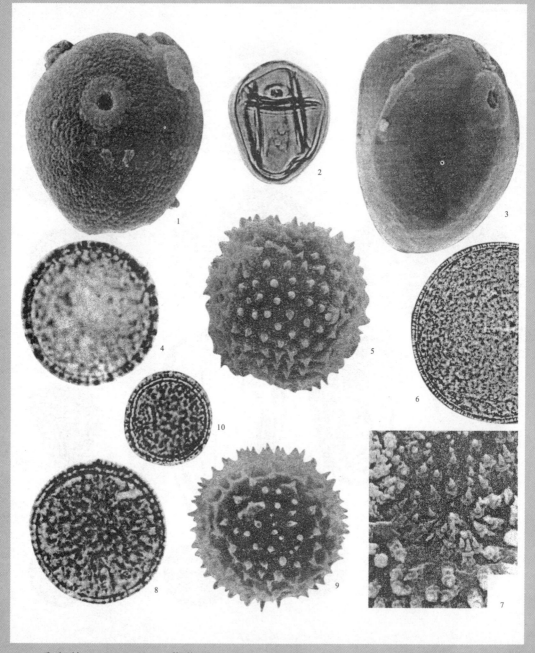

禾本科：Gramineae 1. 芦苇 *Phragmites communis* SEM. ×3500；2-3. 菰 *Zizania latifolia*，2. ×800, 3. SEM.×3000.

水鳖科：Hydrocharitaceae 4-5. 水筛 *Blyxa japonica* 4. ×900, 5. SEM.×1100；6-7. 黑藻 *Hydrilla verticillata* 6. ×500, 7. ×700 表面纹饰；8-10. 水鳖 *Hydrocharis dubia* 8. ×900, 9. SEM.×1100, 10. ×800.

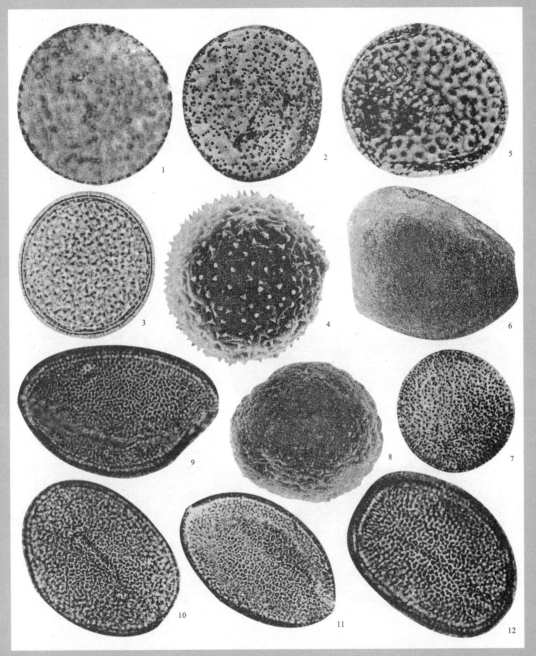

水鳖科：1-2.软骨草 *Lagarosiphon alternifolia* 1-2. ×500, 2. 表面纹饰；3-5. 水车前 *Ottelia alismoides* 3. ×500, 4. SEM. ×700, 5. ×800, 赤道面观；6.美洲苦草 *Vallisneria americana* SEM.×700; 7-8.刺苦草 *V. spinulosa* 7. ×500, 8. SEM. ×700.

鸢尾科：Iridaceae 9-10. 马蔺 *Iris ensata* ×700; 11-22.菖蒲鸢尾 *I. pseudacorus* ×500.

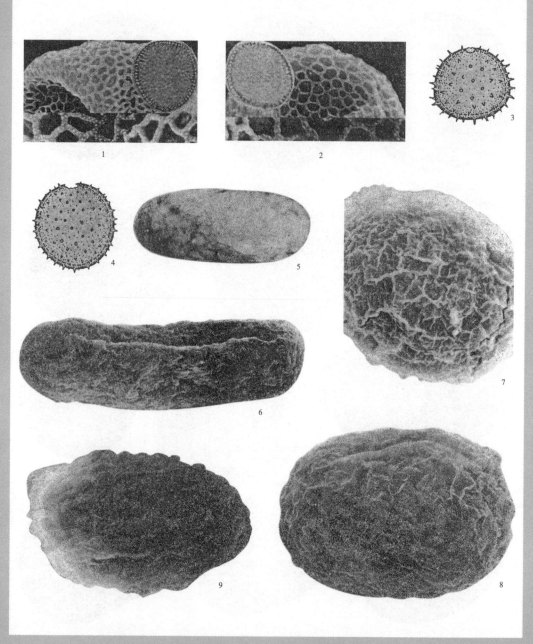

水麦冬科：Juncaginaceae 1. 海韭菜 *Trigloehin maritimum* LM: ×1000, SEM: ×3000, 表面纹饰 ×8000; 2. 水麦冬 *T. palustre* LM: ×1000, SEM: ×3000, 表面纹饰 ×8000.

浮萍科：Lemnaceae 3. *Lemna gibba* ×1000; 4. 品萍（三叉浮萍）*L. trisulca* ×1000.

茨藻科：Najadaceae 5-6. 多孔茨藻 *Najas foveolata* 5. SEM. ×500, 示外壁层次, 6. SEM. ×1200; 7-8. 大茨藻 *N. marina* SEM. ×1200; 9. 澳古茨藻 N. *Oguraensis* SEM. ×1200.

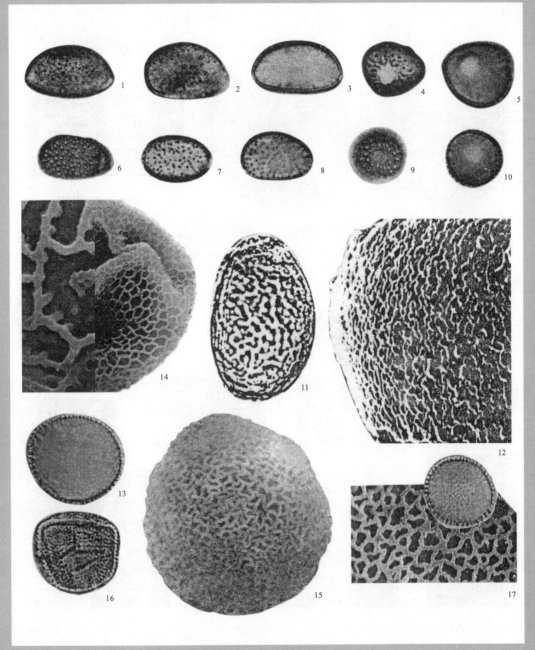

露兜树科：Pandanaceae 1-5. 露兜草 *Pandanus austrosinensis* ×1000; 6-10.小露兜 *P. gressittii* ×1000.
雨久花科：Pontederiaceae 11-12. 凤眼兰 *Eichhornia crassipes* 11. ×800, 12. SEM. ×5000, 表面纹饰.
眼子菜科：Potamogetonaceae 13-16. 菹草 *Potamogeton crispus* 13. ×1000, 14. SEM: ×2400, 表面纹饰 ×10000, 15. SEM. ×1500, 16×800, 赤道面观; 17. 小叶眼子菜 P. *cristatus* LM. ×1000, SEM. ×4600, 表面纹饰.

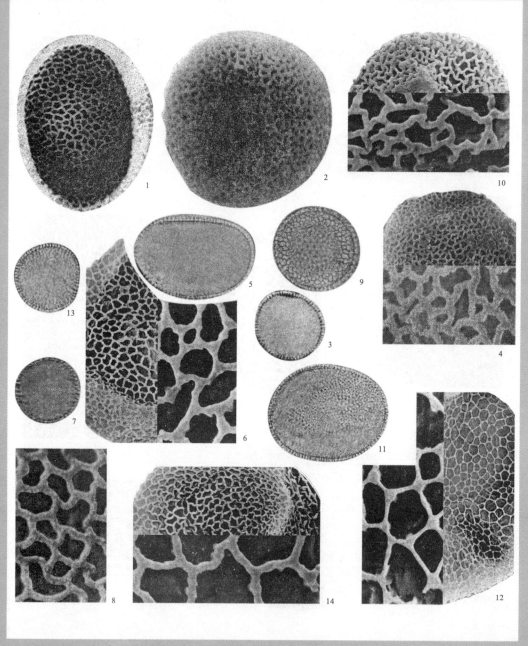

眼子菜科：1-4. 眼子菜 *Potamogeton distinctus* 1-2. SEM. ×1500, 3. ×1000, 4. SEM: ×2400, 表面纹饰 ×10000；5-6. 丝叶眼子菜 *P. filiformis* 5. ×1000, 6. SEM: ×2300, 表面纹饰×10000；7-8. 禾叶眼子菜 *P. gramincus* 7. ×1000, 8. SEM. ×10000, 表面纹饰；9-10. 异叶眼子菜 *P. heterophyllus* 9. ×1000, 10. SEM: ×2900, 表面纹饰 ×10000；11-12. 内蒙眼子菜 *P. intramongolicus* 11. ×1000, 12. SEM: ×2000, 表面纹饰 ×10000；13-14. 光叶眼子菜 *P. lucens* 13. ×1000, 14. SEM: ×2400, 表面纹饰 ×10000.

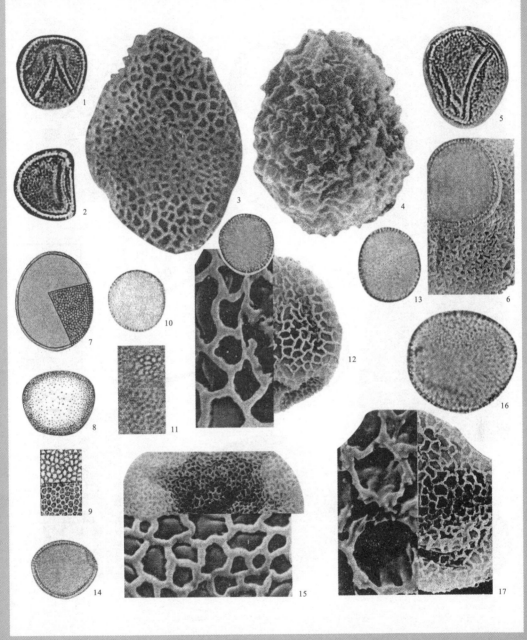

眼子菜科：1-4. 微齿眼子菜 *Potamogeton maackianus* 1-2. ×800, 3. SEM. ×4000, 4. SEM. ×1500; 5-6. 马来眼子菜 *P. malaianus*. 5. ×800, 6. LM. ×1000, SEM. ×2800; 7-11. 浮叶眼子菜 *P. Natans* 7. ×800, 8. 10. ×667, 9. 11. ×1334, 表面纹饰; 12. 钝叶眼子菜 *P. obtusifolius* LM: ×1000, SEM: ×2400, 表面纹饰×10000; 13. 钝脊眼子菜 *P. octandrus* ×1000; 14-15. 尖叶眼子菜 *P. oxyphyllus* 14. ×1000, 15. SEM: ×2400, 表面纹饰 ×10000; 16-17. 帕米尔眼子菜 *P. pamiricus* 16. ×1000, 17. SEM: ×2400, 表面纹饰×10000.

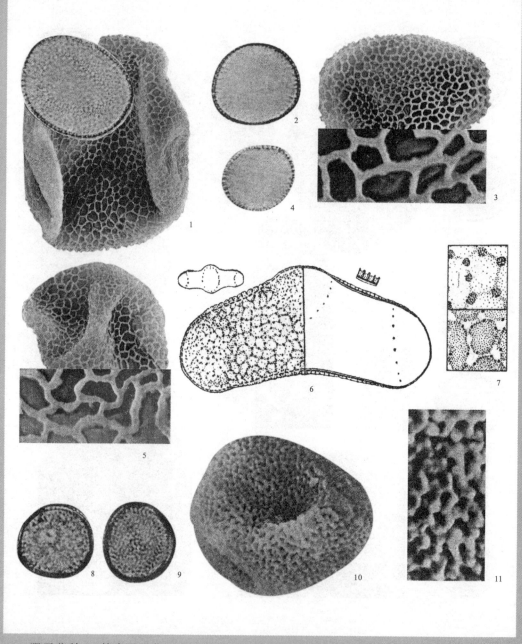

眼子菜科：1.篦齿眼子菜 *Potamogeton pectinatus* LM. ×1000, SEM: ×2000; 2-3. 穿叶眼子菜 *P. perfoliatus* 2. ×1000, 3. SEM: ×2400, 表面纹饰 ×10000; 4-5. 小眼子菜 *P. pusillus* 4. ×1000, 5. SEM: ×2400, 表面纹饰 ×10000.

　　川蔓藻科：Ruppiaceae 6-7. 川蔓藻 *Ruppia maritima* 6. ×1000, 7. 表面纹饰×2000.

　　黑三稜科：Sparganiaceae 8-11. 线叶黑三稜 *Sparganium angustifolium* 8-9. ×1000, 10-11. SEM: 10. ×2500, 11. ×7700, 表面纹饰.

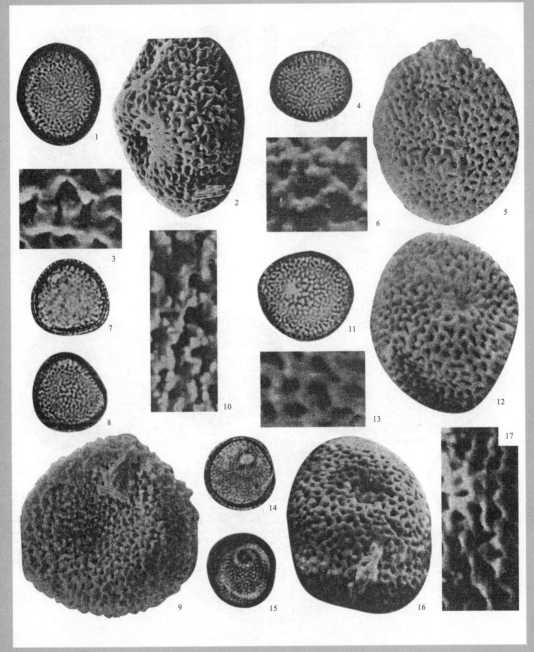

黑三稜科：1-3. 曲轴黑三稜 *Sparganium fallax* 1. ×1000, 2-3. SEM: 2. ×2500, 3. ×770, 表面纹饰; 4-6. 短序黑三稜 *S. glomeratum* 4. ×1000, 5-6. SEM: 5. ×2000, 6. ×7700, 纹饰; 7-10. 矮黑三稜 *S. minimum* 7-8. ×1000, 9-10. SEM: 9. ×2700, 10. ×7700, 纹饰; 11-13. 小黑三稜 *S. simplex* 11. ×1000, 12-13. SEM: 12. ×2500, 13. ×7700, 纹饰; 14-17. 狭叶黑三稜 *S. stenophyllum* 14-15. ×1000, 16-17. SEM: 16. ×3100, 17. ×7700, 纹饰.

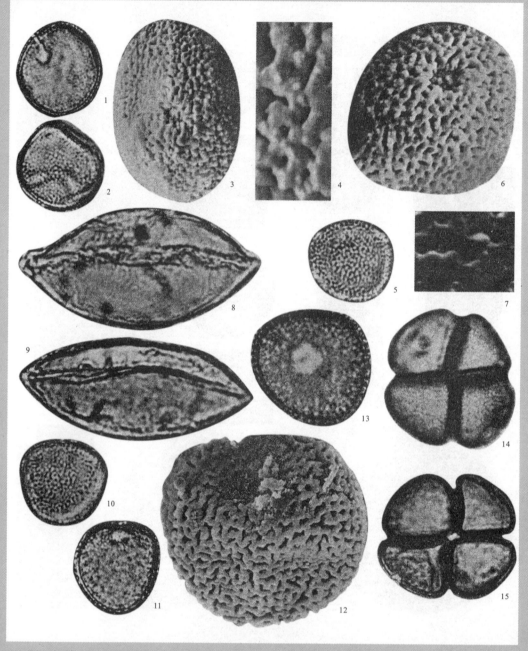

黑三稜科：1-4. 黑三稜 *Sparganium stoloniferum* 1-2. ×1000, 3-4. SEM: 3. ×2500, 4. ×7700, 表面纹饰；
5-7. 云南黑三稜 *S. yunnanense* 5. ×1000, 6-7. SEM: 6. ×2500, 7. ×7700, 表面纹饰.
　蒟蒻薯科：Taccaceae 8-9. 裂果薯 *Tacca plantaginea* ×1000.
　香蒲科：Typhaceae 10-12. 长苞香蒲 *Typha angustata* 10-11. ×1000, 12. SEM. ×2100；13-15. 狭叶香蒲
T. angustifolia ×1000.

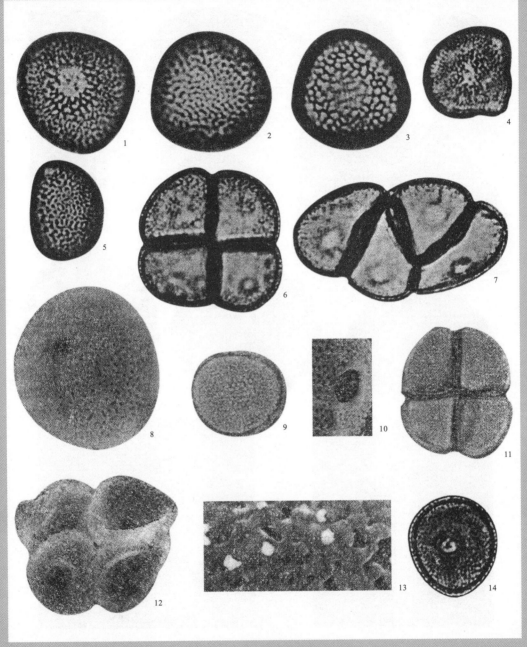

香蒲科：1-3. 大卫香蒲 *Typha davidiana* ×1000; 4-7. 宽叶香蒲 *T. latifolia* ×1000, 6-7. 四合体花粉; 8-10. 拉氏香蒲 *T. laxmanii* 8. ×1800, 9. ×1500, 10. ×1800, 示无孔盖及孔缘外翻; 11-13. 小香蒲 *T. minima* 11-12. 四合体花粉, 11. ×1500, 12. 1600, 13. SEM. ×8000, 表面纹饰; 14. 东方香蒲 *T. orientalis* ×1000.

香蒲科：1-4. 东方香蒲 *Typha orientalis* 1-2. ×1000, 3. ×1400, 4. ×7700, 表面纹饰.
角果藻科：Zannichelliaceae 5-6 角果藻 *Zannichellia palustris* 5. ×1000, 6. LM. ×1000, SEM. ×3200.
爵床科：Acanthaceae 7-9. 水蓑衣 *Hygrophila salicifolia* ×1000.
苋科：Amaranthaceae 10-11. 锦绣苋 *Alternanthera bettzickiana* 10-11. SEM: 10. ×3600, 11. ×12400, 表面纹饰.

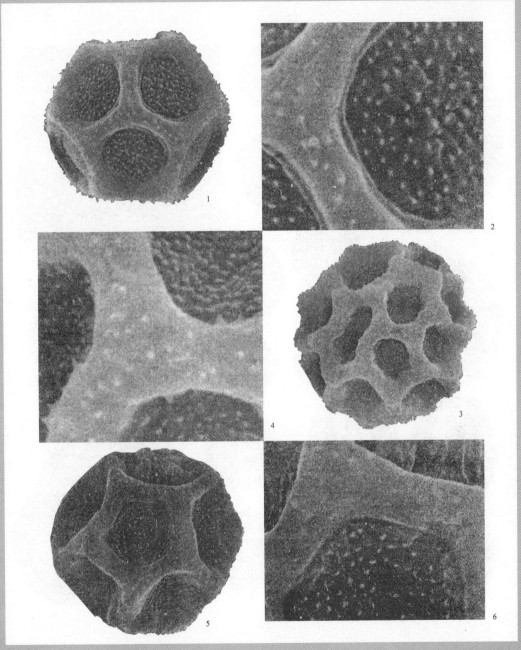

苋科：1-2. 狭叶莲子草 *Alternanthera nodiflora* 1-2. SEM: 1. ×3600, 2. ×12400,表面结构；3-4. 空心莲子草 *A. philoxeroides* 3-4. SEM: 3. ×3000, 4. ×12000, 表面结构；5-6. 莲子草 *A. sessilis* 5-6. SEM: 5. ×3600, 6. ×12400, 表面结构(产自湖北).

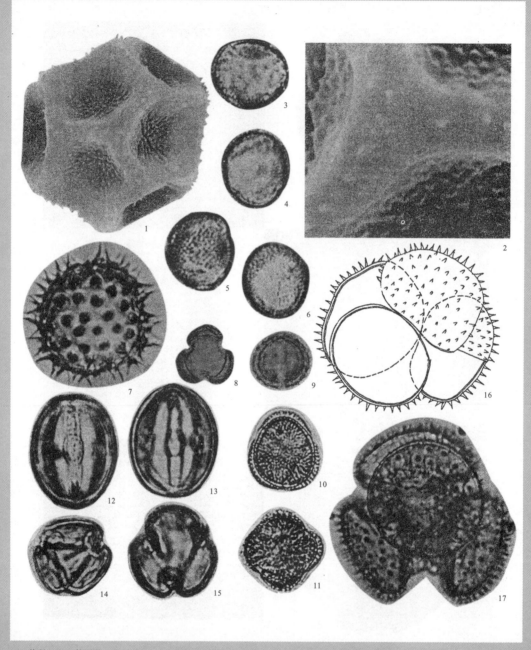

苋科：1-2. 莲子草 Alternanthera sessilis 1-2. SEM: 1. ×3600, 2. ×12400（产自海南）.

水马齿科：Callitrichaceae 3-6. 水马齿 Callitriche stagnalis ×1000.

菊科：Compositae 7. 小花鬼针草 Bidens parviflora ×1000; 8-9. 石胡荽 Centipeda minima ×667, 8. 极面观, 9. 赤道面观.

十字花科：Cruciferae 10-11. 水田碎米芥 Cardamine lyrate ×800, 10. 极面观,三沟, 11. 极面观,四沟.

葫芦科：Cucurbitaceae 12-15. 合子草 Actinostemma lohatum ×1000.

茅膏菜科：Droseraceae 16-17. 茅膏菜 Drosera peltata 16. ×800, 17. ×1000.

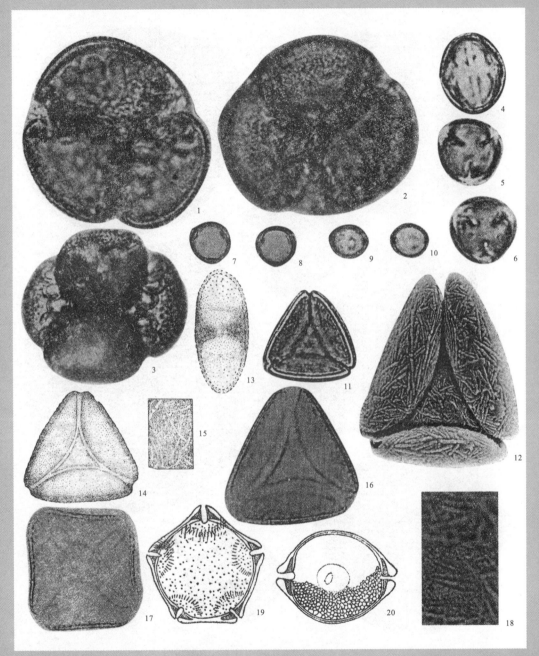

茅膏菜科: 1-3. 锦地罗 *Drosera burmanni* ×1000.

沟繁缕科: Elatinaceae 4-6. 田繁缕 *Bergia ammannioides* ×1000.

大戟科: Euphorbiaceae 7-10. 铁苋菜 *Acalypha australis* ×1000.

龙胆科: Gentanaceae 11-18. 荇菜(莕菜) *Nymphoides peltatum* 11. ×800, 极面观, 12. SEM. ×2000, 13. ×667, 赤道面观, 14. ×667, 极面观, 15. ×1334, 表面纹饰, 16-17. ×667, 17. 四孔, 18. ×1334, 表面纹饰.

小二仙草科: Haloragidaceae 19-20. 轮叶狐尾藻 *Myriophyllum verticillatum* ×500.

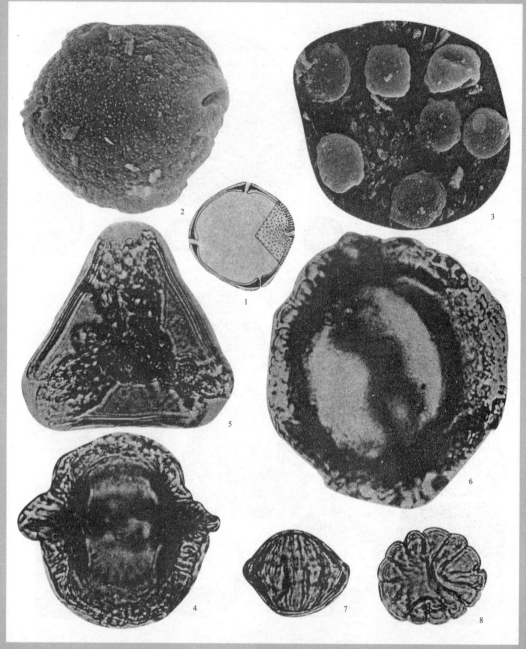

小二仙草科：1.轮叶狐尾藻 *Myriophyllum verticillatum* ×800; 2-3. 穗花狐尾藻（聚草）*M. spicatum*
2-3. SEM: 2. ×4000, 3. ×1000.

　　菱科：Hydrocaryaceae 4-6. 菱 *Trapa natans* 4-5. ×800, 4. 赤道面观, 5. 极面观, 6. ×1000.

　　狸藻科：Lantibulariaceae 7-8. 普生狸藻 *Utricularia vulgaris* ×800, 7. 赤道面观, 8. 极面观.

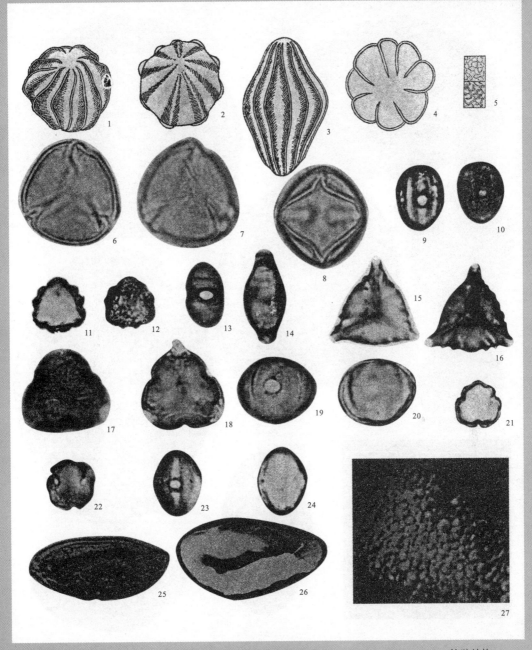

狸藻科：1-2. 普生狸藻 *Utricularia vulgaris* ×500; 3-5. 小狸藻 *U. minor* 3-4. ×500, 5. ×700, 外壁结构.

半边莲科：Lobeliaceae 6-8. 半边莲 *Lobelia chinensis* ×1000.

千屈菜科：Lytheraceae 9-12. 水苋菜 *Ammannia baccifera* ×1000; 13-16. 香膏草 *Cuphea balsamona* ×1000；
17-20. 千屈菜 *Lythrum salicaria* ×1000; 21-24. 圆叶节节菜 *Rotala rotundifolia* ×1000.

睡莲科：Nymphaeaceae 25-27. 莼菜 *Brasenia schreberi* 25. ×1000, 26-27. SEM: 26. ×1200, 27. ×7000, 细颗粒状纹饰.

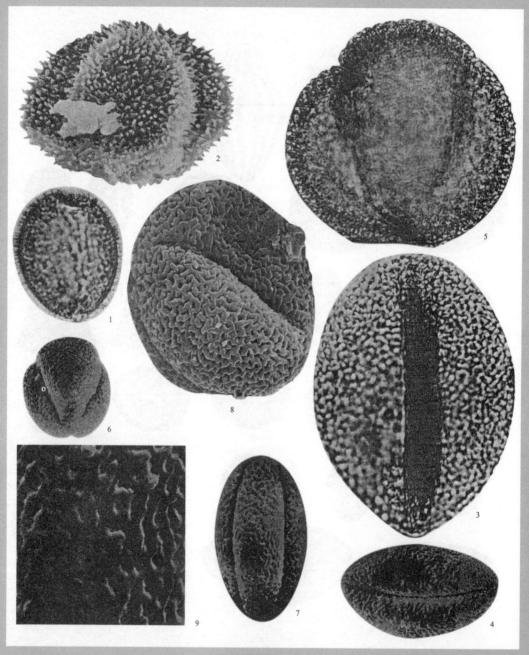

睡莲科：1-2. 芡实 *Euryale ferox* 1. ×800, 赤道面观, 2. SEM. ×2500, 单槽（远极）；3-9. 莲 *Nelumbo nucifera* 3-4. 赤道面观, 3. ×800, 4. ×630, 5-6. 极面观, 5. ×800, 6. 7. ×630, 8-9. SEM: 8. ×1800, 9. ×3000, 皱波状纹饰. 1. 2. 3. 5. 8., 4. 6. 7. 9.

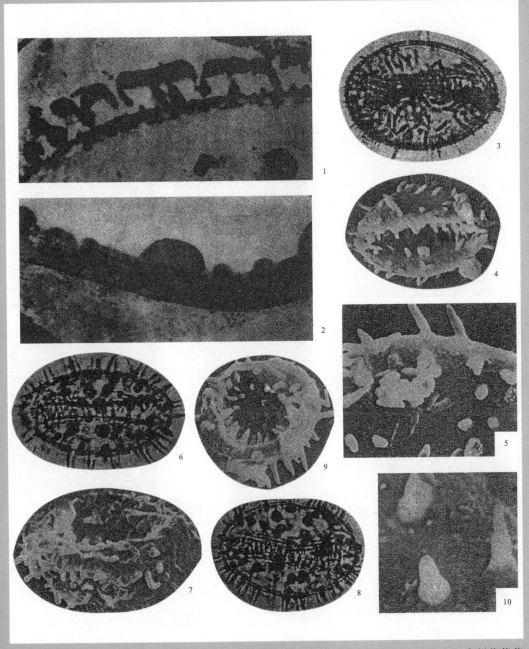

睡莲科：1-2. 莲 *Nelumbo nucifera* 花粉外壁结构 1. SEM. ×3200, 2. TEM. ×6600; 3-5. 贵州萍蓬草 *Nuphar bornetii* 3. ×1000, 4-5. SEM: 4. ×1100, 5×3000, 刺状纹饰; 6-7. 欧亚萍蓬草 *N. lateun* 6. ×1000, 7. SEM. ×1200; 8-10. 萍蓬草 *N. pumilum* 8. ×1000, 9-10. SEM: 9. ×1200, 10. ×6000, 刺状纹饰. 1-10.

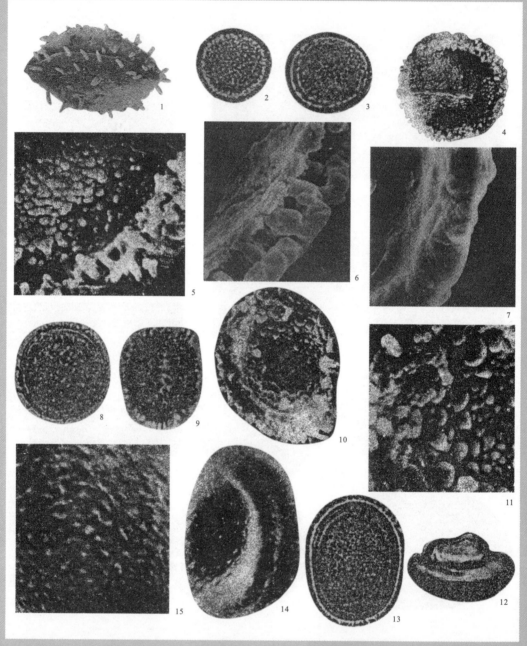

睡莲科：1. 萍蓬草 *Nuphar pumilum* SEM. ×1200；2-7. 白睡莲 *Nymphaea alba* 2-3. ×1000, 4-5. SEM: 4. ×1300, 环槽(远极), 5. ×6000, 纹饰, 6-7. 花粉外壁结构, 6. SEM. ×7000, 7. TEM. ×4000；8-11. 红睡莲 *N. alba* var. *rubra* 8-9. ×1000, 10-11. SEM: 10. ×2100, 11. ×5600, 外壁纹饰；12-15. 雪白睡莲 *N. candida* 12-13. ×1000, 14-15. SEM: 14. ×1200, 15. ×6000, 外壁纹饰. 1-15.

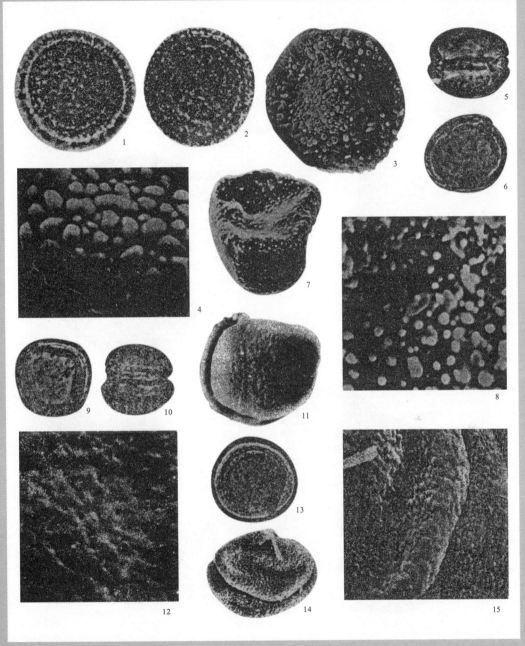

睡莲科：1-4. 齿叶睡莲 *Nymphaea lotus* 1-2. ×1000, 3-4. SEM: 3. ×1300, 4. ×6000, 外壁为小瘤, 间有小柱状纹饰; 5-8. 柔毛齿叶睡莲 *N. lotus* var. *pubescens* 5-6. ×1000, 7-8. SEM: 7. ×1400, 8. ×6000, 外壁纹饰; 9-12. 延药睡莲 *N. stellate* 9-10. ×1000, 赤道环槽, 11-12. SEM: 11. ×1300, 12. ×6000, 外壁微波纹起伏状纹饰; 13-15. 睡莲 *N. tetragona* 13. ×1000, 14-15. SEM: 14. ×1200, 赤道环槽, 15. ×3000, 外壁纹饰为颗粒状, 间有不规则的疣. 1-15.

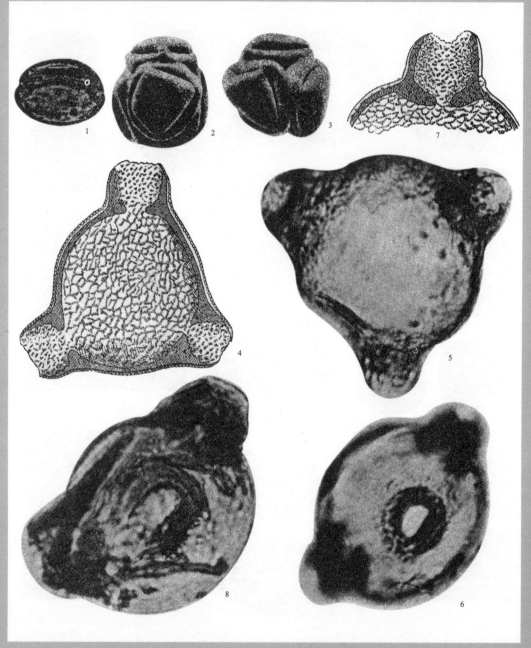

睡莲科：1. 睡莲 *Nymphaea tetragona* ×1000; 2-3. 王莲 *Victoria amazonica* SEM. ×5600, 环槽四合花粉.

柳叶菜科：Onagraceae 4-7. 柳兰 *Chamaenerion angustifolium* 4. ×500, 5-6. ×700, 7. ×700, 孔的构造; 8. 柳叶菜 *Epilobium hirsutum* ×700.

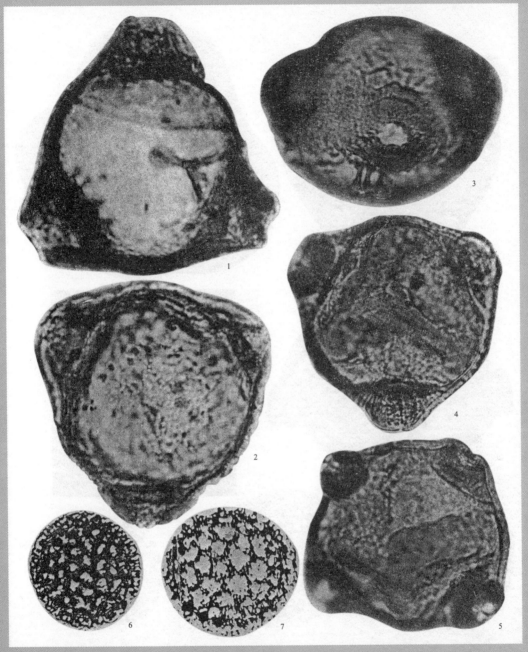

柳叶菜科：Onagraceae 1. 柳叶菜 *Epilobium hirsutum* ×700; 2-3. 小花柳叶菜 *E. parviflorum* ×1000; 4-5. 水龙 *Jussiaea repens* ×1000, 5. 四孔.

蓼科：Polygonaceae 6. 水蓼 *Polygonum hydropiper* ×800; 7. 软茎水蓼 *P. hydropiper* var. *flaccidum* ×800.

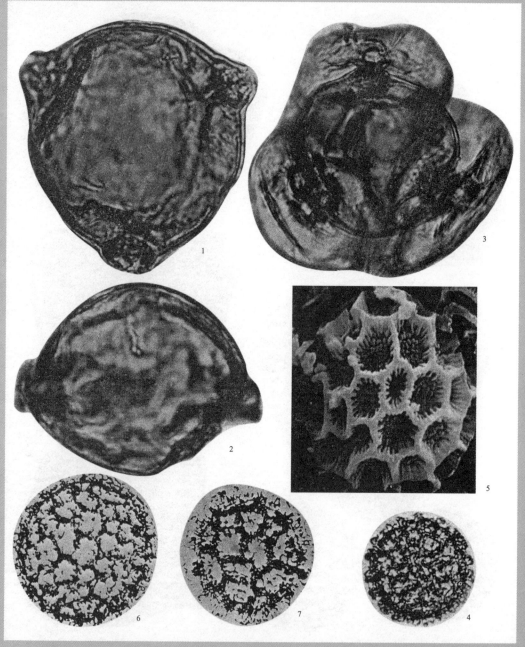

柳叶菜科：Onagraceae 1-3. 毛草龙 *Jussiaea suffruficosa* ×1000, 3. 四合体花粉.

蓼科：Polygonaceae 4-5. 旱苗蓼 *Polygonum lapathifolium* 4. ×800, 赤道面观, 5. SEM. ×2500; 6. 稀花蓼 *P. dissitiflorum* ×800; 7. 白绒蓼 *P. lapathifolium* var. *salicifolium* ×800. 6-7.

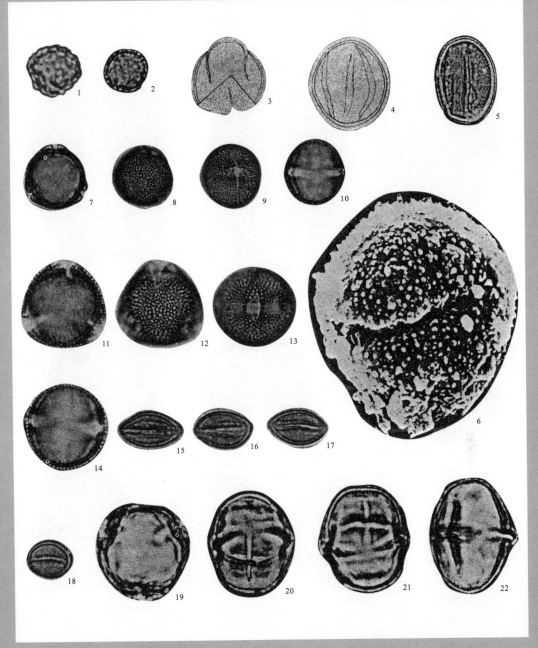

胡椒科：Piperaceae 1-2. 豆瓣绿 *Peperomia reflexa* ×1000, 无萌发孔.

毛茛科：Ranunculaceae 3-4. 驴蹄草 *Caltha palustris* ×800, 三沟; 5-6. 石龙芮 *Ranunculus sceleratus* 5.×800, 三沟, 6 .SEM. ×3500.

茜草科：Rubiaceae 7-10. 双花耳草 *Hedyotis biflora* ×1000, 三孔沟; 11-14. 伞房耳草 *H.corymbosa* ×1000, 三孔沟.

三白草科：Saururaceae 15-16. 白苞裸蒴 *Gymnotheca involucrata* ×1000, 具一远极槽; 17. 蕺草 *Houttuynia cordata* ×1000; 18. 三白草 *Saururus chinensis* ×1000.

马鞭草科：Verbenaceae 19-22. 过江藤 *Phyla nodiflora* ×1000, 三孔沟. 7-22.

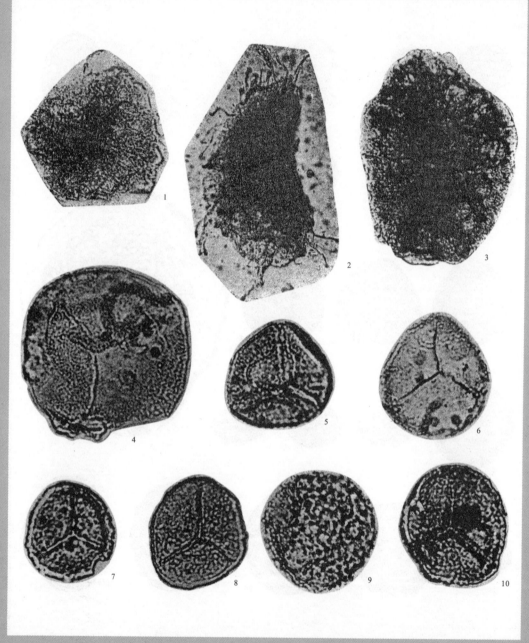

1-3. 满江红属（未定种）*Azolla* sp. ×350, 山东潍县, 古近系（下第三系）沙河街组二段.

4. 紫萁孢（未定种）*Osmundacidites* sp.（紫萁科）×800, 内蒙古赤峰黑山沟早白垩世; 5-7. *O.* spp. ×800, 内蒙古赤峰黑山沟早白垩世; 8. *O.* sp. ×750. 云南景谷古近纪（老第三纪）; 9. *O.* sp. ×750, 苏北晚白垩世; 10. *O.* sp. ×800, 东北松辽晚白垩世.

1-3. 水蕨属(未定种) Ceratopteris sp.(水蕨科), 1-2. ×800, 苏北古近纪(老第三纪); 3. C. sp. ×500, 山东东营, 第三纪.

4-7. 浮萍属(未定种) Lemna sp. ×800. 4. 山东垦利, 沙河街组三段; 5. 山东垦利, 沙河街组二段; 6. 辽宁盘山, 古近系(下第三系)东营组; 7. 山东广饶, 沙河街组二段.

1-4. 槐叶苹属(未定种) *Salvinia* sp.(槐叶苹科), 1. ×250(大孢子), 山东东营, 第三纪; 2. *S.* sp. ×800, 苏北新近纪(新第三纪); 3. *S.* sp. ×250(大孢子), 山东东营, 第三纪; 4. *S.* Sp. ×800, 山东垦利, 东营组.

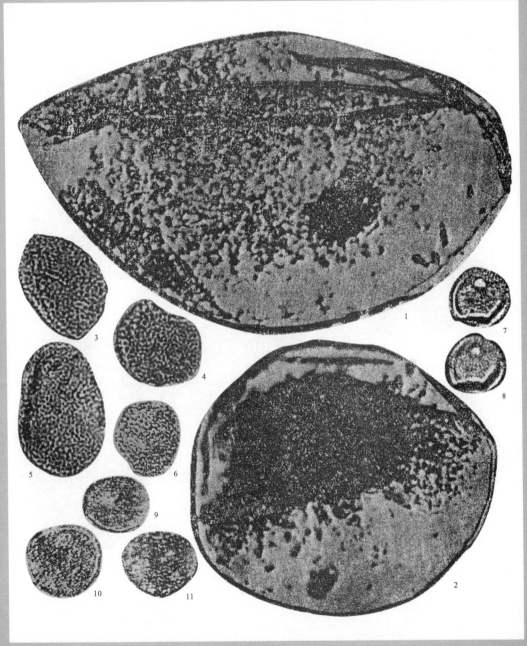

1-2. 槐叶苹孢属(未定种)Salviniaspora sp.×700, 江汉盆地新近系(上第三系)广华寺组.

3-6. 眼子菜属(未定种)Potamogeton sp.×800, 3. 山东滨县, 沙河街组四段; 4. 山东广饶, 沙河街组四段; 5. 山东滨县, 沙河街组四段; 6. 江汉盆地潜江组—荆河镇组, 新沟咀组一——二段.

7-11. 黑三稜粉(未定种)Sparganiaceaepollenites sp.7-8.×800, 辽宁盘山, 东营组;9-11.×700, 江汉盆地潜江组—荆河镇组, 新沟咀组一——二段. 3-5.

1. 狐尾藻属(菜属),未定种 *Myriophyllum* sp. ×700, 江汉盆地古近系(下第三系)潜江组.

2-3. 菱属(未定种) *Trapa* sp. 2. ×800, 洞庭盆地第四纪; 3. 第三纪菱粉, ×800, (中科院南京地质古生物所郑亚惠教授提供).

4-7. 莲属(未定种) *Nelumbo* sp. ×800, 4. 山东垦利, 沙河街组三段; 5. 山东垦利, 沙河街组三段; 6. 山东广饶, 沙河街组三段; 7. 山东垦利, 沙河街组四段.

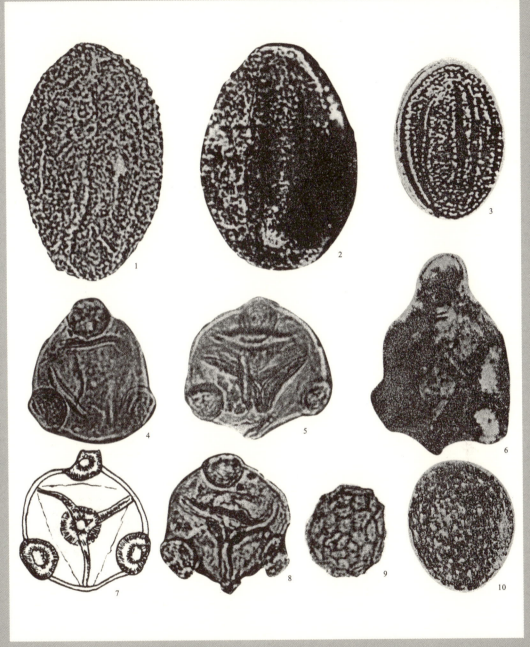

1-3. 莲属(未定种) Nelumbo sp. ×800, 1. 天津北大港古近系(下第三系)东营组; 2. 辽宁盘山, 古近系(下第三系)沙河街组一段; 3. 洞庭盆地第四纪.

4-6. 三角柳叶菜粉 Corsinipollenites triangulus, 4-5. ×800, 4. 山东桓台, 沙河街组三段; 5. 山东垦利, 沙河街组三段; 6. ×700, 江汉盆地潜江组—荆河镇组.

7-8. 四孔柳叶菜粉 Corsinipollenites tetraporus ×800, 辽宁盘山, 东营组.

9-10. 蓼粉(未定种) Persicarioipollis sp. 9. ×800, 山东垦利, 沙河街组一段; 10. ×700, 江汉盆地新近系(上第三系)广华寺组—古近系(下第三系)荆河镇组.